中学受験

すらすら解ける

魔法ワザ

> 算数・基本からはじめる超入門 <

実務教育出版

はじめに

　このたび、「魔法ワザ　算数」シリーズの基本編にあたる『中学受験　すらすら解ける魔法ワザ　算数・基本からはじめる超入門』を刊行する運びになりました。おかげさまで、既刊の「魔法ワザ　算数」の3部作、『図形問題』『計算問題』『文章題』と、その後に刊行した『合否を分ける120問』は、多くの方に使っていただいて版を重ねています。

　既刊の「魔法ワザ　算数」は中堅校から難関校に合格するために必要な知識や解法を、もれなく身につけてもらうことをめざしたもの。『合否を分ける120問』は、合格を決定づける「あと10点」を上乗せしていただくことをめざしました。

　本書はその名称のとおり、受験算数の入門書をめざしました。現状、書店に並んでいる受験算数の入門書は、各単元の基本問題をならべ、それに解答と解説を加えたものにしか過ぎません。それは、基本問題を数多くこなせば基礎学力が身につくはずという、旧来の学習イメージからは抜け出せていないものだと考えます。

基本がわかるとは、「ああ、な〜るほど！」と納得の快感を感じること

　近年、私が主宰するプロ家庭教師集団「名門指導会」にお寄せいただくご相談ごとの中で目立って増えているのは下記の3つです。

・何度も解かせているのに、すぐに忘れてしまう。うちの子、記憶力が弱いのでしょうか？

・焦って解いているせいか、式や図を書きません。そのためにミスが減りません。

・丸暗記の算数になっているようで、応用問題がまったく出来ません。

　でもこの3つ、実は原因は共通なのです。キーワードは"納得の快感"です。

　「なーるほど！」という深い納得感がないと、誰でもすぐに忘れてしまいます。記憶力が弱いからではないのです。「解き方の手順だけの丸暗記」に陥ってしまっている症状なのです。

　各単元を学習し始めたときに大切なことは、

　①深く納得すること

　②適量の類題を正しい方法で解くこと

　の2つです。

　中学入試問題が難しいことは、皆様はすでにご存じのとおりです。そして、難しい問題を解くことが出来る応用力は、納得感を伴った理解と、演習によって培われる再現力のうえにこそ構築されます。算数の各単元の最終到達レベルは、最初の深い納得感に強く関わっているのです。

入門書にこそ大切な要素は下記の**3**つだと考えています。

①解く手順を理解する過程で、「なるほど！」と納得できる説明があること

　算数の理解において大切なのは、イラストや「図」です（数学は式なのですが）。子どもたちが、手順の丸暗記に陥らないように、自発的に「なぜそうなる」と考えていけるように見やすくわかりやすい図を心がけました。受験で多用される線分図や面積図をふんだんに取り入れています。

②子ども自身が読んで理解できる説明や解説であること

　式だらけの解説を理解できる年齢に達していない小学生です。なぜその式になるのかを、子どもたちが理解しやすい文章と図で解説しました。また、基本的な用語解説から始めることで、基礎知識の多少に関わらず理解できるように配慮しました。

③多すぎず少なすぎない、適切な量の類題演習があること

　数字が変わっただけで、同じ手順で解ける問題ばかりを繰り返してしまうと、機械的な丸暗記学習に陥ります。例題→問題→練習問題→応用問題→発展問題と、少しずつレベルを上げることで、「同じ手法だけれど一工夫を加える練習」が出来るように意図しました。また、一部の単元を除き、整数の範囲内で解けるように作問しています。

本書をお使いいただく前に

　本書は、単元ごとに、「例題」→「問題」→「練習問題」→「応用問題」→「発展問題」の5つの段階で構成されています。

◉初めて学習する単元は

　「例題」から順を追って学習を進めてください。「例題」のページにはその単元の重要事項がまとめられていますから、解説を読んで、□に数字を埋めながら丁寧に解き進めてください。「例題」を理解したあとで、「問題」で理解したかどうかを確認してください。その後、「練習問題」・「応用問題」・「発展問題」と順を追ってレベルを上げていきましょう。

◉一度習った単元を復習したり、理解しているかどうかの確認をするには

　本当の基礎から復習が必要なら「例題」から、ある程度わかってはいるがどうもしっくりときていないという状態なら、「練習問題」や「応用問題」から始めていただくことが出来ます。正解出来なかったときには、1つ前の段階に戻ることもお勧めしておきます。

　本書は、「わかった！」「出来た！」という楽しさを何度も味わってもらうことを最大の目的にしています。その楽しさの積み重ねが納得感を生み、忘れにくい知識や応用できる知識を作り上げていきます。

　本書を使うことによって、がんばった分だけ成績が上がる楽しさを一人でも多くの子どもたちに味わっていただけることを願っています。

2023年11月　西村則康

この本で使われる用語や計算、整理の方法

この本では次のような用語や計算方法、整理の方法が使われます。

用語

和 … たし算の答え、合計

差 … ひき算の答え、ちがい

積 … かけ算の答え

商 … わり算の答え

最大公約数 … 公約数の中で最も大きい数

　8 をわりきることができる 1、2、4、8 を 8 の約数、12 をわりきることができる 1、2、3、4、6、12 を 12 の約数といいます。

　このうち、どちらにもある約数を「8 と 12 の公約数」といい、その中で最も大きい 4 を「8 と 12 の最大公約数」といいます。

最小公倍数 … 公倍数の中で最も小さい数

　8 を 1 倍、2 倍、3 倍、…したときの 8、16、24…を 8 の倍数、12 を 1 倍、2 倍、3 倍…したときの 12、24、36…を 12 の倍数といいます。

　このうち、どちらにもある倍数を「8 と 12 の公倍数」といい、その中で最も小さい 24 を「8 と 12 の最小公倍数」といいます。

台形 … 1 組の向かい合う辺が平行な四角形

平行四辺形 … 2 組の向かい合う辺が平行な四角形

ひし形 … 4 つの辺の長さが等しい四角形

正三角形 … 3 つの辺の長さ等しい三角形

二等辺三角形 … 2 つの辺の長さが等しい三角形

直角二等辺三角形 … 1 つの角が直角である二等辺三角形

対角線 … □角形の 1 つの頂点とそのとなりにない 1 つの頂点を結ぶ直線

おうぎ形 … 円の 2 つの半径と弧で囲まれた図形

直方体 … 6 つの長方形または 2 つの正方形と 4 つの長方形で囲まれた立体

立方体 … 6 つの正方形で囲まれた立体

□角柱 … 平面だけで囲まれた立体。立方体や直方体は四角柱の仲間です。

円柱 … 上下の面が同じ大きさの円で、つつのような形をした立体

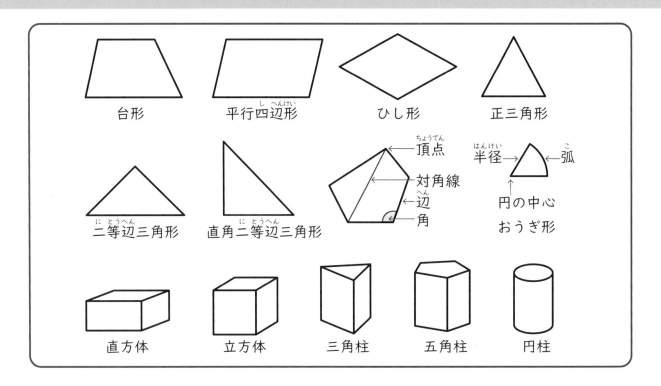

台形　　平行四辺形　　ひし形　　正三角形

二等辺三角形　　直角二等辺三角形

頂点　対角線　辺　角

半径　弧　円の中心　おうぎ形

直方体　　立方体　　三角柱　　五角柱　　円柱

計算の方法

分配のきまり … 同じ数をかける計算や同じ数でわる計算は（　　）を使ってまとめることができます。

$$79 × 2 + 21 × 2 = (79 + 21) × 2 = 100 × 2 = 200$$
$$95 ÷ 8 − 63 ÷ 8 = (95 − 63) ÷ 8 = 32 ÷ 8 = 4$$

①解法 … わからない数を□の代わりに①と表します。

「みかん5個の代金は200円です」は、みかん1個の値段を□円とすると、

$$□ × 5 = 200$$

と表すことができ、

$$□ = 200 ÷ 5 = 40（円）$$

のように計算ができます。

同じようにみかん1個の値段を①円とすると、

$$① × 5 = 200$$

や

$$⑤ = 200$$

と表すことができ、

$$① = 200 ÷ 5 = 40（円）$$

のように計算ができます。

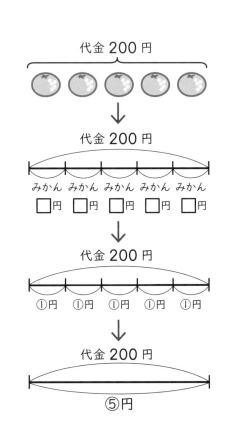

代金200円

代金200円
みかん みかん みかん みかん みかん
□円 □円 □円 □円 □円

代金200円
①円 ①円 ①円 ①円 ①円

代金200円
⑤円

整理の方法

① 線分図 … テープ図のテープ幅をなくした図です。

「りんご5個の代金は1000円です」は、次のように表せます。

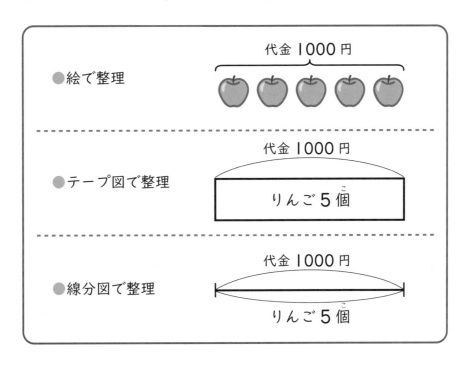

● 絵で整理

代金1000円

● テープ図で整理

代金1000円

りんご5個

● 線分図で整理

代金1000円

りんご5個

② 面積図 … かけ算やわり算の関係を長方形で表した図です。

「おはじきが縦に3個ずつ5列に並んでいます」は、次のように表せます。

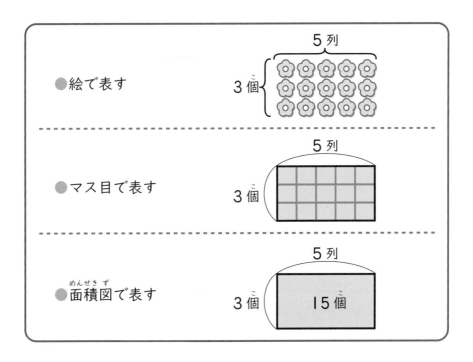

● 絵で表す

5列

3個

● マス目で表す

5列

3個

● 面積図で表す

5列

3個

15個

本書の５つの特長と使い方

1 本書は次のようなお子さんにおすすめ

・5年生から塾に通う予定の4年生

・塾で習った4年生の学習を復習したい5年生

・中堅校の受験の基礎固めをしたい6年生

本書は進学塾の4年生の学習分野の中でも特に大切な2つの分野、「文章題（つるかめ算などの特殊算）」と「平面図形と立体図形の基本」を集中的に取り扱っています。

チャプター 1
10の文章題

01　植木算
02　方陣算
03　和差算
04　差分け算（差分算）
05　消去算①
06　消去算②
07　つるかめ算
08　やりとり算
09　差集め算（過不足算）
10　集合算

大切な**10の文章題**

チャプター 2
10の図形問題

11　角の大きさ ①（平行線と角・外角定理）
12　角の大きさ ②（多角形の角）
13　図形の周りの長さ
14　直線図形の面積 ①（面積公式・等積変形）
15　直線図形の面積 ②（いろいろな直線図形の面積）
16　曲線図形の面積 ①（面積公式）
17　曲線図形の面積 ②（いろいろな曲線図形の面積）
18　図形の回転移動と転がり移動
19　立体の体積・表面積
20　水問題

大切な**10の図形問題**

ですからこの2つの分野を4年生の間に家庭で学習し終えると、進学塾の5年生で「ついていけなくなる」ことを防ぎやすくなります。

また、進学塾の公開テストで基本問題の失点が目立つ5年生の場合も、本書の問題に取り組むことで前学年で不足していた学習を補うことができます。

さらに、これらの分野は中堅校の入試でも出されやすいため、知識や解法の確認をしておきたい6年生にも適しています。

② 独立した各単元

本書の各単元の問題は、原則としてその単元で取り扱う学習内容だけで解くことができますので、融合問題や総合問題では見つけにくいお子さんの弱点も見つけやすくなっていますし、ピンポイントで克服したい単元だけに取り組むこともできます。

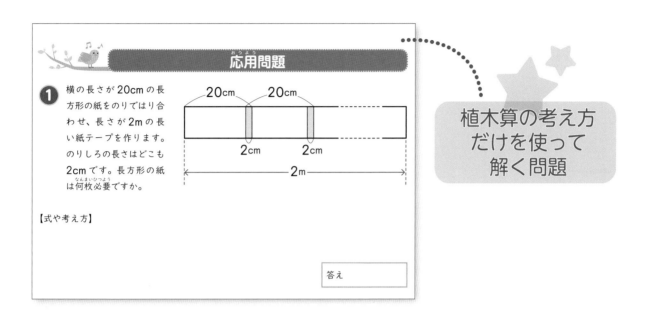

植木算の考え方
だけを使って
解く問題

さらに、問題の答えも整数となるものを多く取り入れ、計算の負担を軽減することで単元の内容そのものの学習に注力することができますので、小数や分数の計算が未習のお子さんや苦手なお子さんでもスムーズに取り組むことが可能です。

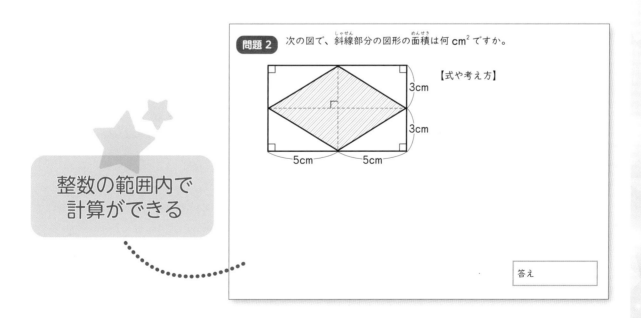

整数の範囲内で
計算ができる

また、冒頭の「この本で使われる用語や計算、整理の方法」には、その名の通り、本書に出てくる用語や計算の方法、整理の方法がまとめられていますので、各単元を取り組む前に見ておくと「知らないからできない」ということも防げます。

用語

和 … たし算の答え、合計

差 … ひき算の答え、ちがい

積 … かけ算の答え

商 … わり算の答え

最大公約数 … 公約数の中で最も大きい数

　　8をわりきることができる1、2、4、8を8の約数、12をわりき
　　2、3、4、6、12を12の約数といいます。
　　このうち、どちらにもある約数を「8と12の公約数」といい、その
　　を「8と12の最大公約数」といいます。

最小公倍数 … 公倍数の中で最も小さい数

使われる用語の
説明

③ 5つの段階でステップアップ

各単元は、「例題」→「問題」→「練習問題」→「応用問題」→「発展問題」の5つの段階で構成されています。

初めて学習する単元は「例題」から順に始めていきましょう。

「例題」のページにはその単元の重要事項がまとめられています。

読んで「わかった」と思ったら、次のページにある「問題」でそれらの確認をしましょう。

例題 1

みかんを兄は10個、弟は3個持っていました。はじめに兄が弟に5個わたし、次に弟が兄に4個わたしました。兄と弟がいま持っているみかんはそれぞれ何個ですか。

1. みかんのやりとりを流れ図に整理します。

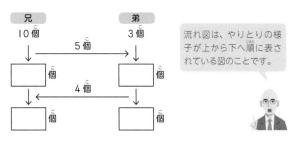

流れ図は、やりとりの様子が上から下へ順に表されている図のことです。

問題を解くのに
必要な知識が
まとめられている

2. 流れ図を上から下へ下がりながら、2人のみかんの数を書きます。

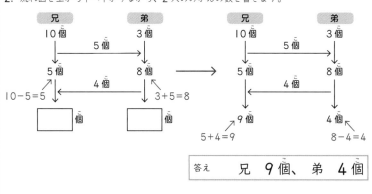

答え　　兄 9個、弟 4個

「練習問題」は「問題」でマスターしたことを練習するページです。

その続きにあたる「応用問題」や「発展問題」は、各単元の応用的な内容を取り扱っていますので少し難しいことがあるかもしれませんが、前のページの〈解答と解説〉がヒントにもなりますから、解説をしっかりと読んでチャレンジしてみてください。

一方で、復習や知識・解法の確認として本書を使用するお子さんは、そのレベルに応じて「練習問題」や「応用問題」などから取り組んでもよいと思います。

もし、正解できなかったときは解説を読んだり、1つ前の段階の問題ページにもどったりするようにします。

④ 問題ページのすぐ後ろが答えのページ

本書も既刊の「魔法ワザ　算数」シリーズと同様に、問題ページの次のページに解答と解説が書かれていますので、すぐに答え合わせができますし、どこでまちがえたかも簡単にチェックできます。

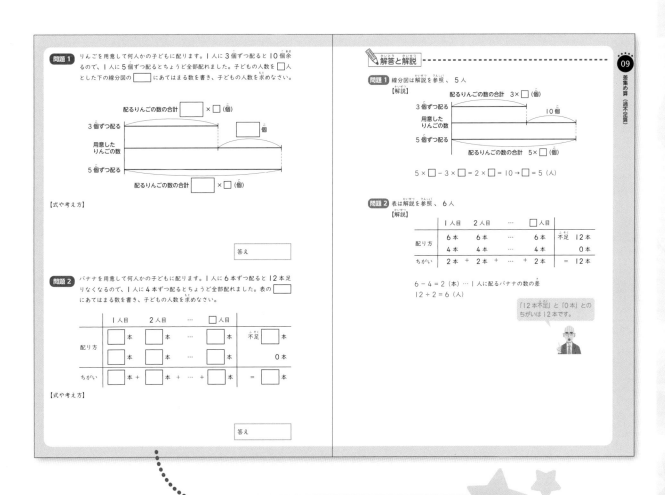

原則として問題ページと
解説ページが
見開きになっている

⑤ 本に直接書き込めるA4サイズ

これも既刊の「魔法ワザ　算数」シリーズと同じように、本書に直接書き込めるように大判サイズとなっています。

本とノートを手でおさえたり、横に並べておいたりする必要がないため、問題を解くことだけに集中できます。

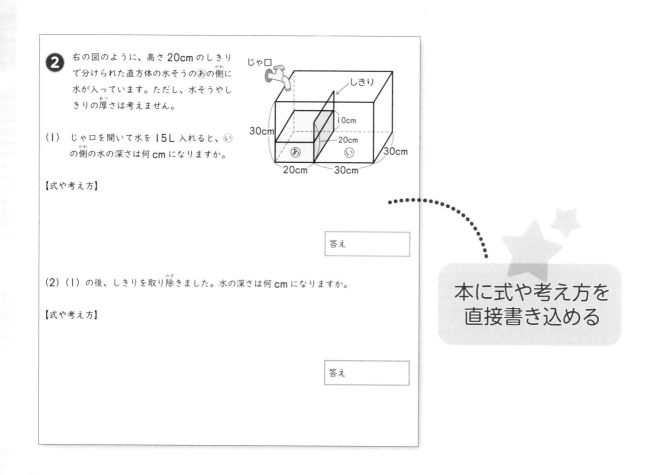

❷ 右の図のように、高さ20cmのしきりで分けられた直方体の水そうの⑤の側に水が入っています。ただし、水そうやしきりの厚さは考えません。

（1）じゃ口を開いて水を15L 入れると、⑥の側の水の深さは何cmになりますか。

【式や考え方】

答え

（2）（1）の後、しきりを取り除きました。水の深さは何cmになりますか。

【式や考え方】

答え

本に式や考え方を
直接書き込める

目次

チャプター **1** **10の文章題**

チャプター **2** 10の図形問題

チャプター1

10の文章題

01 植木算

植木算の魔法ワザ入門

1. 間の長さ×間の数＝全体の長さ
2. 「木1本」と「間1つ」を1セットにする
3. 木の植え方は、
   ①両側あり、②両側なし、③片側だけ、④周り
   の4タイプ

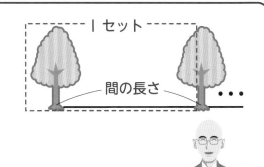

例題 1

長さが 20m の道路の片側に、木を 4m おきにはしからはしまで植えます。木は何本必要ですか。

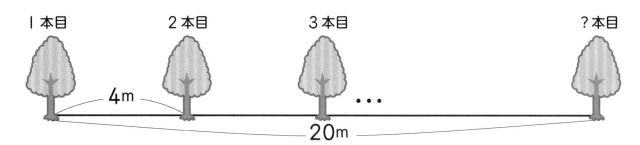

1. 「間の長さ×間の数＝全体の長さ」を利用します。

$$20 \div 4 = 5 \quad \Rightarrow \quad 4mの「間」が「5つ」ある$$

右はしの木だけセットにならずに残ります。

2. 「木1本」と「間1つ」を1セットにします。

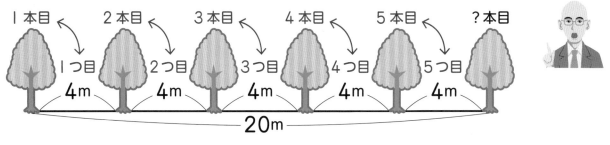

$$5 + 1 = 6 （本）$$

答え	6 本

例題 2

周りの長さが 20m の池にそって木を 4m おきに植えます。木は何本必要ですか。

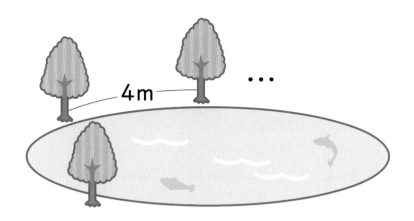

1. 「間の長さ×間の数＝全体の長さ」を利用します。

$$20 ÷ 4 = 5$$ ➡ 4m の「間」が「5つ」ある

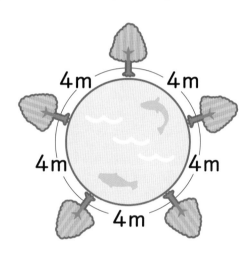

2. 「木１本」と「間１つ」を１セットにします。

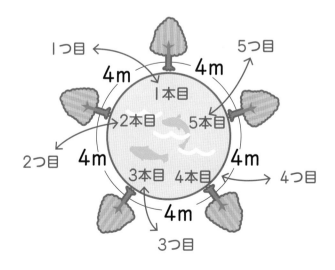

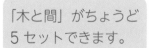
「木と間」がちょうど
5 セットできます。

答え	5 本

問題 1 長さが 60m の道路の片側に、木を 10m おきにはしからはしまで植えます。木は何本必要ですか。

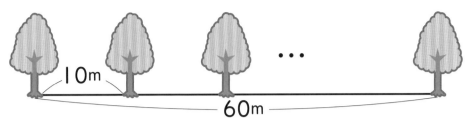

【式や考え方】

答え

問題 2 周りの長さが 200m の池にそって木を 20m おきに植えます。木は何本必要ですか。

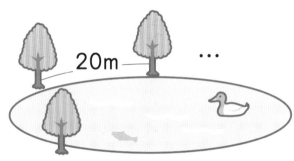

【式や考え方】

答え

問題 3 2本の電柱が 100m はなれて立っています。電柱と電柱の間に、木を 10m おきに植えます。木は何本必要ですか。

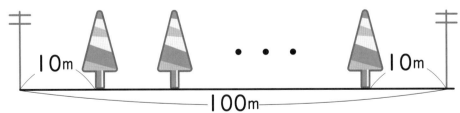

【式や考え方】

答え

問題4 下の図のように、赤色の旗（四角）から10mおきに白色の旗（三角）を立てます。6本目の白色の旗を立てたところから赤色の旗までは何mはなれていますか。

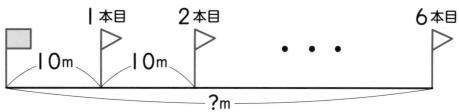

【式や考え方】

答え

✏️ **解答と解説**

問題1 7本
【解説】 60 ÷ 10 = 6（か所）… 間の数
6 + 1 = 7（本）

間の長さ×間の数＝全体の長さ
が考え方の基本です。

問題2 10本
【解説】 200 ÷ 20 = 10（か所）
… 間の数＝木の本数

「周り」に木を植えるときは
間の数＝木の本数です。

問題3 9本
【解説】 100 ÷ 10 = 10（か所）… 間の数
10 − 1 = 9（本）

「10mと木」のセット
が9セットできて「間」
が1つ余ります。

問題4 60m
【解説】 10 × 6 = 60（m）

「10mと白色の旗」のセット
がちょうど6セットできます。

1 長さが 200m の道路の両側に、木を 20m おきにはしからはしまで植えます。木は何本必要ですか。

【式や考え方】

答え

2 30 人の子どもが前の人と 1m の間をあけて 2 列になって並んでいます。1 つの列の長さは何 m ですか。

【式や考え方】

答え

3 かべに横の長さが 50cm のポスターを 13 枚はりました。かべのはしとポスターの間、ポスターとポスターの間はどこも 25cm です。かべの長さは何 m ですか。

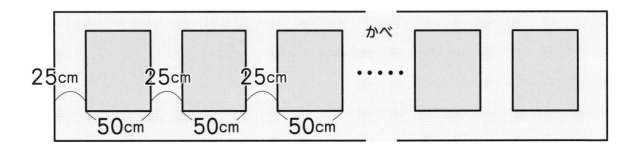

【式や考え方】

答え

1 22本

【解説】 $200 ÷ 20 = 10$ （か所）… 間の数

$10 + 1 = 11$ （本）… 道路の片側の木の本数

$11 × 2 = 22$ （本）

> 「道路の両側」を見落とさないように注意しましょう。

2 14m

【解説】 $30 ÷ 2 = 15$ （人）… 1列に並ぶ子どもの人数

$15 - 1 = 14$ （か所）… 間の数

$1 × 14 = 14$ （m）

3 10m

【解説】 $50 × 13 = 650$ （cm）… 間をあけずに13枚のポスターをはったときの長さ

$13 + 1 = 14$ （か所）… 間の数

$25 × 14 = 350$ （cm）… 間の長さの合計

$650 + 350 = 1000$ （cm）→ 10m

【別解】 $50 + 25 = 75$ （cm）… ポスター1枚と間1か所の長さ（1セット）

$75 × 13 = 975$ （cm）… 13セットの長さの合計

$975 + 25 = 1000$ （cm）→ 10m

> どちらの考え方も大切です。

1 横の長さが20cmの長方形の紙をのりではり合わせ、長さが2mの長い紙テープを作ります。のりしろの長さはどこも2cmです。長方形の紙は何枚必要ですか。

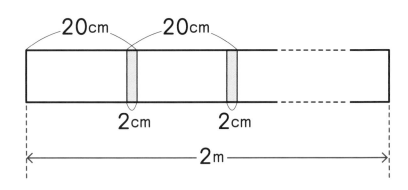

【式や考え方】

答え

2 右の図のように「田」の形に線を引き、線にそって2mおきに子どもが立ちました。図の●の場所には、それぞれ子どもが1人立っています。全部で何人の子どもが立っていますか。

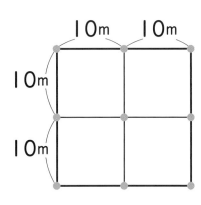

【式や考え方】

答え

3 花子さんは25分勉強すると5分休むことにして、午前9時ちょうどから勉強を始めました。5回目の勉強が終わるのは午前何時何分ですか。

【式や考え方】

答え

❶ 11枚
【解説】 20 − 2 = 18（cm）… 2枚目をはり合わせたときに増える長さ
200 − 20 = 180（cm）… 1枚目から増えた長さ
180 ÷ 18 = 10（枚）… 2枚目から最後までの枚数
1 + 10 = 11（枚）

❷ 57人
【解説】 10 + 10 = 20（m）
20 × 4 = 80（m）… 周りの長さ
80 ÷ 2 = 40（か所）… 間の数 → 周りに立っている子どもは40人
20 ÷ 2 = 10（か所）… 間の数
10 + 1 = 11（人）… 中の直線（1本）に立っている子どもの人数
40 + 11 × 2 = 62（人）… 周りと中の直線が別々にあるときの子ども
の人数
62 − 5 = 57（人）

2回数える子どもに気を
つけましょう。

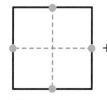 + 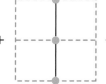 + 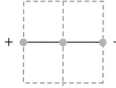 − 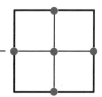 = 57人

周りに立っている　　直線上に立っている　　直線上に立っている　　5人は2回数えられている
子どもは40人　　　子どもは11人　　　　子どもは11人　　　　（重複している）

❸ 午前11時25分
【解説】 25 × 5 = 125（分）… 勉強時間の合計
5 − 1 = 4（回）… 休けいした回数
5 × 4 = 20（分）… 休けい時間の合計
午前9時 + 125分 + 20分 = 午前11時25分

【別解】 25 + 5 = 30（分）… 勉強1回と休けい1回の時間（1セット）
30 × 4 = 120（分）… 4セットの時間の合計
午前9時 + 120分 + 25分 = 午前11時25分

5回目の勉強の後は
休けいがありません。

1 長さが 20m の鉄の棒を 50cm の長さに切り分けます。鉄の棒を 1 か所切るのに 30 秒かかり、鉄の棒を 1 か所切ると 1 分休けいします。

（1） 鉄の棒は、全部で何本に切り分けられますか。

（2） 鉄の棒を全部切り分けるのに、何分何秒かかりますか。

【式や考え方】

答え （1）　　　　　　　　（2）

2 図 1 のような輪を、たるまないようにして図 2 のように横にまっすぐ 10 個つないでいきました。はしからはしまでの長さは何 cm ですか。

図 1　　　図 2

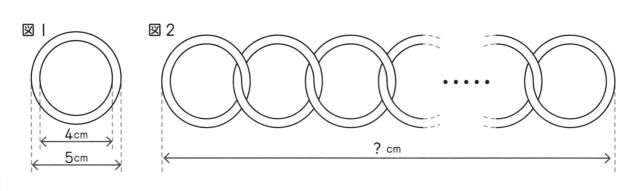

【式や考え方】

答え

1 (1) 40本　(2) 57分30秒

【解説】(1) 20m = 2000cm

　　　　2000 ÷ 50 = 40 (本)

　　　(2) 40 − 1 = 39 (回) … 鉄の棒を切る回数

　　　　(30秒 + 1分) × 38 + 30秒 = 3450秒 = 57分30秒

2 41cm

【解説】(5 − 4) ÷ 2 = 0.5 (cm) … 輪の太さ

　　　5 − 0.5 × 2 = 4 (cm) … 2個目から増える長さ

　　　5 + 4 × (10 − 1) = 41 (cm)

【別解】直径が 4cm の赤色の円 (輪の内側) が 10個ぴったりと接しています。

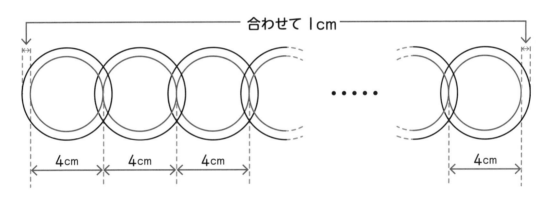

　　　5 − 4 = 1 (cm) … 両はしの輪の太さの合計

　　　4 × 10 + 1 = 41 (cm)

輪の内径 (内側の直径) に着目します。

02 方陣算

★★★★★ 方陣算の魔法ワザ入門

1. （1辺の数－1）× 4 ＝周りの数
2. 「四畳半切り」
3. 周りの数＝1まわり外側の周りの数－8個

「日の丸弁当」の ときを除きます。

例題 1

図のように、ご石を1辺が6個ですき間のない正方形に並べました。一番外側の周りに並んでいるご石は何個ですか。

1. 1辺の数を4倍してから、重なっている4個を引きます。

$$6 × 4 = 24（個）$$

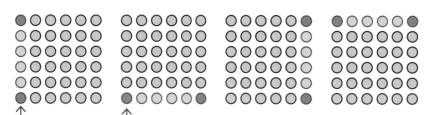

●は2回数えられている

$$24 － 4 = 20（個）$$

答え　　20個

2. 1辺の数から1個を除いてから、4倍します。

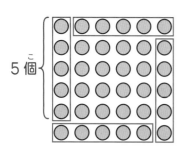

5個

同じ大きさの長方形が 4つできます。

$$（6－1）× 4 = 20（個）$$

答え　　20個

例題2

図のように、ご石を外側の1辺が7個で2列の、中に正方形のすき間がある正方形に並べました。並んでいるご石は全部で何個ですか。

1. 「すき間をうめた」と仮定します。

$$7 - 2 \times 2 = 3 \,(個) \Rightarrow すき間は1辺3個の正方形です。$$

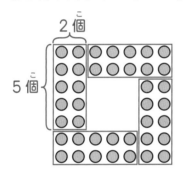

$$7 \times 7 - 3 \times 3 = 40 \,(個)$$

答え **40**個

2. 「四畳半切り」にします。

ご石を同じ大きさの4つの長方形で囲むことができます。

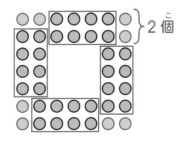

 四畳半の和室と似ています。

$$(7 - 2) \times 2 \times 4 = 40 \,(個)$$

答え **40**個

3. 周りの個数＝1まわり外側の周りの個数 − 8

$$(7 - 1) \times 4 = 24 \,(個) \cdots 一番外側の周りに並ぶご石の数$$

外側の1まわりのほうが8個（○のご石）多いです。

$$24 - 8 = 16 \,(個) \cdots 1つ内側の周りに並ぶご石の数$$
$$24 + 16 = 40 \,(個)$$

答え **40**個

問題 1 図のように、ご石を１辺が10個ですき間のない正方形に並べました。一番外側の周りに並んでいるご石は何個ですか。

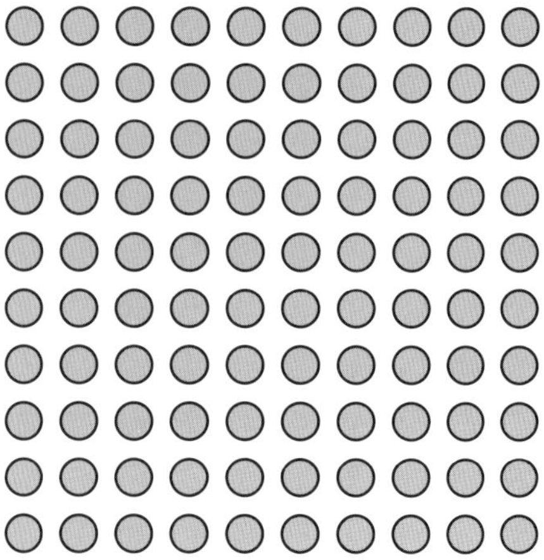

【式や考え方】

答え

問題 2 64個のご石を中にすき間のないように、正方形に並べました。正方形の１辺に並んでいるご石は何個ですか。

【式や考え方】

答え

問題 3 図のように、ご石を外側の１辺が10個で３列の、中に正方形のすき間がある正方形に並べました。並んでいるご石は全部で何個ですか。

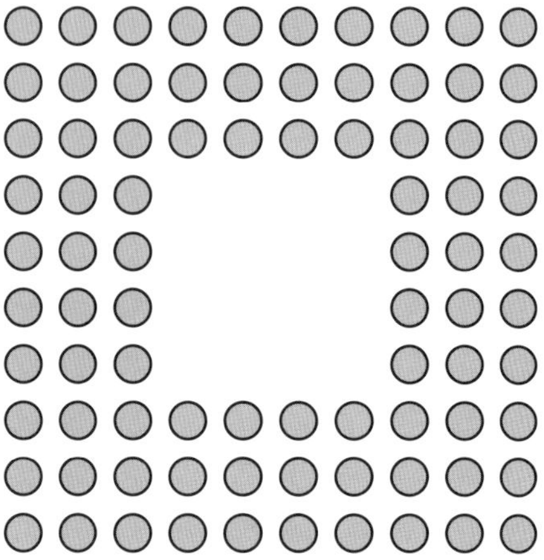

【式や考え方】

答え

問題4 ご石を外側の1辺が8個で3列の、中に正方形のすき間がある正方形に並べました。一番外側の周りに並んでいるご石は、一番内側の周りに並んでいるご石よりも何個多いですか。

【式や考え方】

答え

解答と解説

問題1 36個
【解説】 （10 − 1）× 4 = 36（個）
【別解】 10 × 4 − 4 = 36（個）

問題2 8個
【解説】 64 = 8 × 8

「1辺 × 1辺 = 全体の数」
です。

問題3 84個
【解説】 （10 − 3）× 3 × 4 = 84（個）

問題4 16個
【解説】 8 × 2 = 16（個）
【別解】 （8 − 1）× 4 = 28（個）
　　　 … 一番外側の周り
　　　 8 − 2 × 2 = 4（個）
　　　 … 一番内側の1辺
　　　 （4 − 1）× 4 = 12（個）
　　　 … 一番内側の周り
　　　 28 − 12 = 16（個）

1まわり内側の数は
8個少ないです。

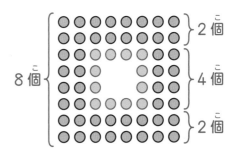

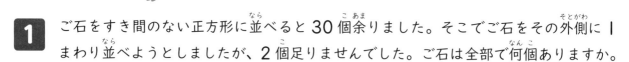

1 ご石をすき間のない正方形に並べると 30 個余りました。そこでご石をその外側に 1 まわり並べようとしましたが、2 個足りませんでした。ご石は全部で何個ありますか。

【式や考え方】

答え

2 ご石をすき間のない正方形に並べると 20 個余りました。そこで一番外側の 1 辺のご石の数を 1 個増やしましたが、それでもご石が 5 個余りました。ご石は全部で何個ありますか。

【式や考え方】

答え

3 ご石を 2 列で、中に正方形のすき間がある正方形に並べると 30 個余りました。それですき間をうめようとしましたが 6 個足りませんでした。ご石は全部で何個ありますか。

【式や考え方】

答え

1 79 個

【解説】 30 ＋ 2 ＝ 32（個）… 一番外側の 1 まわりに必要なご石

32 ÷ 4 ＋ 1 ＝ 9（個）… 1 まわり増やしたときの一番外側の 1 辺

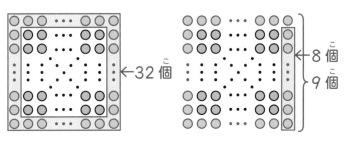

←32 個

←8 個

9 個

（1 辺の数－ 1）× 4 ＝周りの数
を利用できます。

9 × 9 － 2 ＝ 79（個）

2 69 個

【解説】 20 － 5 ＝ 15（個）… 1 辺を 1 個増やすのに使ったご石

（15 － 1）÷ 2 ＝ 7（個）… はじめの 1 辺

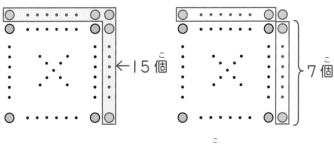

←15 個

7 個

のように
分けます。

7 × 7 ＋ 20 ＝ 69（個）

3 94 個

【解説】 30 ＋ 6 ＝ 36（個）… すき間に必要なご石

36 ＝ 6 × 6 → すき間の 1 辺には 6 個のご石が並ぶ

6 ＋ 2 × 2 ＝ 10（個）… 一番外側の 1 辺

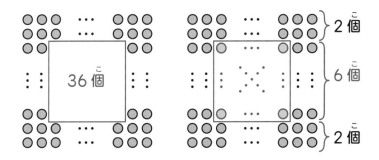

36 個

2 個

6 個

2 個

10 × 10 － 6 ＝ 94（個）

応用問題

1 ご石をすき間のない正方形に並べると 12 個余りました。そこで一番外側の 1 辺の ご石の数を 1 個増やそうとしましたが、9 個足りませんでした。ご石は全部で何個 ありますか。

【式や考え方】

答え

2 160 個のご石を 4 列で、中に正方形のすき間がある正方形に並べると、一番内側の 1 辺に何個のご石が並びますか。

【式や考え方】

答え

3 ご石をすき間のない正方形に並べると、一番外側の周りのご石の数は 68 個でした。 このご石を 3 列で、中に正方形のすき間がある正方形に並べ直すと、一番外側の 1 辺に何個のご石が並びますか。

【式や考え方】

答え

① 112個

【解説】 12 + 9 = 21（個）… 外側の 1 辺を 1 個増やすのに必要なご石

(21 − 1) ÷ 2 = 10（個）… はじめの 1 辺

10 × 10 + 12 = 112（個）

練習問題 **2** と同じように考えましょう。

② 8個

【解説】 160 ÷ 4 ÷ 4 = 10（個）

10 − 4 = 6（個）

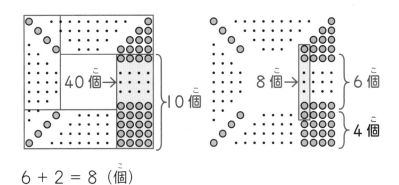

6 + 2 = 8（個）

③ 30個

【解説】 68 ÷ 4 + 1 = 18（個）… 正方形の 1 辺

18 × 18 = 324（個）… ご石の数

324 ÷ 4 ÷ 3 = 27（個）

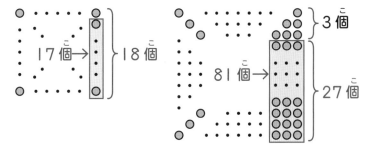

27 + 3 = 30（個）

⭐**1** 図のように黒色のご石と白色のご石を並べました。
どちらの色のご石が何個多いですか。

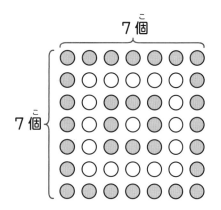

7個

7個{

【式や考え方】

答え	色のご石が	個多い

⭐**2** ご石を1辺が16個ですき間のない正方形に並べます。このご石の1まわりを春子さん、秋子さんの順に交たいで外側から取っていきます。

（1） 春子さんが1回目に取るご石は何個ですか。

（2） 秋子さんが1回目に取るご石は何個ですか。

（3） ご石を全部取りました。取ったご石はどちらが何個多いですか。

【式や考え方】

答え	（1）	（2）	（3）	さんが	個多い

1 黒色のご石が15個多い

【解説】 （7 − 1）× 4 ＝ 24（個）… 一番外側の周り（黒色）

（5 − 1）× 4 ＝ 16（個）… 外側から2番目の周り（白色）

（3 − 1）× 4 ＝ 8（個）… 外側から3番目の周り（黒色）

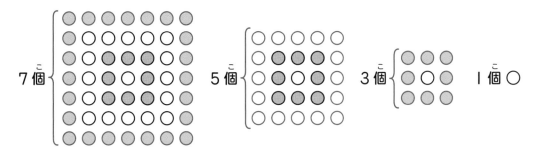

24 ＋ 8 ＝ 32（個）… 黒色のご石の合計

16 ＋ 1 ＝ 17（個）… 白色のご石の合計

32 − 17 ＝ 15（個）

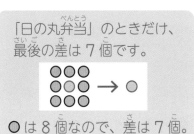

「日の丸弁当」のときだけ、
最後の差は7個です。

●は8個なので、差は7個。

2 （1） 60個 　（2） 52個 　（3） 春子さんが32個多い

【解説】 （1）（16 − 1）× 4 ＝ 60（個）

（2）（14 − 1）× 4 ＝ 52（個）

（3）（12 − 1）× 4 ＝ 44（個）… 春子さんが2回目に取ったご石

（10 − 1）× 4 ＝ 36（個）… 秋子さんが2回目に取ったご石

（8 − 1）× 4 ＝ 28（個）… 春子さんが3回目に取ったご石

（6 − 1）× 4 ＝ 20（個）… 秋子さんが3回目に取ったご石

（4 − 1）× 4 ＝ 12（個）… 春子さんが4回目に取ったご石

（2 − 1）× 4 ＝ 4（個）… 秋子さんが4回目に取ったご石

60 ＋ 44 ＋ 28 ＋ 12 ＝ 144（個）… 春子さんが取ったご石の合計

52 ＋ 36 ＋ 20 ＋ 4 ＝ 112（個）… 秋子さんが取ったご石の合計

144 − 112 ＝ 32（個）

【別解】 （3）16 ÷ 2 ＝ 8（回）… ご石を取る回数

8 ÷ 2 ＝ 4（回）… それぞれがご石を取る回数

8 × 4 ＝ 32（個）

03 和差算(わさ)

和差算の魔法ワザ入門

1. 「登場人物」は2人
2. 和（たし算の答え）と差（ひき算の答え）がわかっている
3. 和の単位と差の単位が同じ
4. 和差算は線分図を使って解くことができる

例題1

次の文は何算の問題ですか。

> りんご1個(こ)の重さとみかん1個(こ)の重さの合計は400gで、りんごの方が200g重いです。みかん1個(こ)の重さは何gですか。

問題文には次のような特徴(とくちょう)があります。

1. 登場人物は2人
   問題文に出てくるのは、「りんご1個(こ)」と「みかん1個(こ)」の2つです。

2. 和と差(さ)がわかっている。
   りんご1個(こ)とみかん1個(こ)の重さの「和（400g）」と「差（200g）」がわかっています。

3. 和と差(さ)の単位(たんい)が同じ
   りんご1個(こ)とみかん1個(こ)の重さの「和」の単位(たんい)も「差(さ)」の単位(たんい)も「g（グラム）」で同じです。

これらの3つの特徴(とくちょう)がある問題は和差算(わさ)です。

答え　和差算

例題2

りんご１個とみかん１個の代金の合計は240円で、りんごの方が160円高いです。みかん１個の値段は何円ですか。

１. 線分図をかきます。

左はしをそろえて線分図をかきます。

２. ２つの線の長さをそろえます。

みかんの値段を求めるので、りんごの線分図を短くしてみかんの線と同じ長さにそろえます。

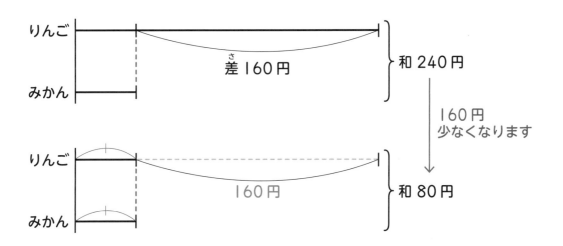

$$80 ÷ 2 = 40 \text{（円）}\cdots \quad \text{１つ分}$$

答え	40 円

※ りんごの値段を先に求めてもかまいません。

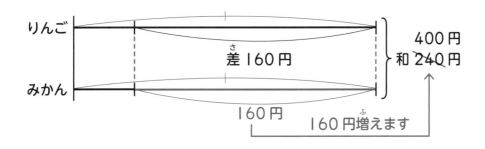

$$400 ÷ 2 = 200 \text{（円）}\cdots \quad \text{１つ分}$$

問題 1 次の文の中から和差算（わさえら）を選び、記号で答えなさい。

ア　たまご１個（こ）とじゃがいも１個（こ）の代金の合計は 100 円で、じゃがいもの方が 150g 重いです。

イ　たまご１個（こ）とじゃがいも１個（こ）の重さの合計は 250g で、じゃがいもの方が 150g 重いです。

ウ　たまご１個（こ）とじゃがいも１個（こ）の代金の合計は 100 円で、たまご２個（こ）の代金はじゃがいも１個（こ）の代金よりも 20 円高いです。

答え

問題 2 次の文を読んで線分図の 　　　 にあてはまる数を書きなさい。また、花子さんの身長も求（もと）めなさい。

> 花子さんの兄の身長と花子さんの身長の合計は 260cm で、兄の方が 20cm 高いです。

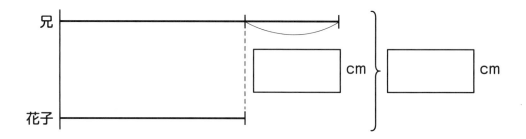

【式や考え方】

答え

解答と解説 -

問題1 イ

【解説】 ア…和の単位が円、差の単位が g で、単位が同じではありません。

ウ…登場人物がたまご 1 個、じゃがいも 1 個、たまご 2 個で 3 人登場します。

問題2 線分図は解説を参照、 120cm

【解説】

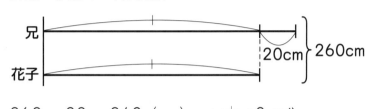

260 − 20 = 240 （cm） …├─┼─┤ 2 つ分

240 ÷ 2 = 120 （cm）

【別解】

260 + 20 = 280 （cm） …├─┼─┤ 2 つ分

280 ÷ 2 = 140 （cm） … 兄の身長

260 − 140 = 120 （cm） 　または　 140 − 20 = 120 （cm）

和差算は次のようにまとめられます。
（和＋差）÷ 2 ＝大 　（和−差）÷ 2 ＝小

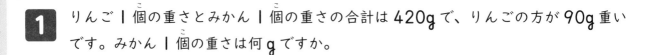
1 りんご１個の重さとみかん１個の重さの合計は 420g で、りんごの方が 90g 重いです。みかん１個の重さは何 g ですか。

【式や考え方】

答え

2 たまご１個の重さとじゃがいも１個の重さの合計は 240g で、じゃがいもの方が 140g 重いです。じゃがいも１個の重さは何 g ですか。

【式や考え方】

答え

3 たまご１個とじゃがいも１個の代金の合計は 120 円で、じゃがいもの方が 20 円高いです。たまご１個の値段とじゃがいも１個の値段をそれぞれ求めなさい。

【式や考え方】

答え　たまご　　　　、じゃがいも

1 165g

【解説】

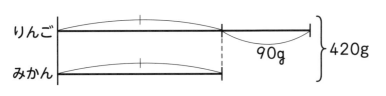

420 − 90 = 330 （g） … ⊢─┤2つ分
330 ÷ 2 = 165 （g）

2 190g

【解説】 じゃがいもの重さを求めるので、たまごの線分図をのばしてじゃがいもにそろえると、和は 140g 増えて 380g になります。

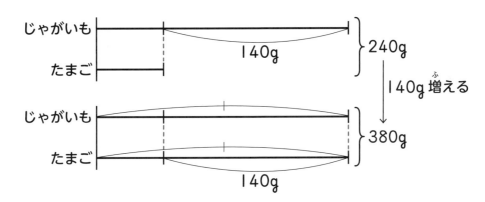

240 + 140 = 380 （g） … ⊢─┤2つ分
380 ÷ 2 = 190 （g）
※たまごの重さを求めてからじゃがいもの重さを求めても OK です。

3 たまご 50 円 、 じゃがいも 70 円

【解説】

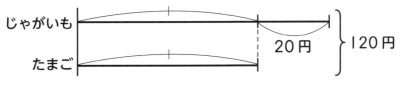

120 − 20 = 100 （円） … ⊢─┤2つ分
100 ÷ 2 = 50 （円） …たまご1個の値段
50 + 20 = 70 （円） …じゃがいも1個の値段
※じゃがいもの値段を求めてからたまごの値段を求めても OK です。

応用問題

❶ 180 ページの本を読んでいます。これまでに読んだページ数は、残りのページ数よりも 40 ページ少ないです。残りのページ数は何ページですか。

【式や考え方】

答え _____

❷ ある日の昼の時間は夜の時間よりも 1 時間 20 分短いです。この日の昼は何時間何分ですか。

【式や考え方】

答え _____

❸ 横の長さが縦の長さより 4cm 長く、周りの長さが 56cm の長方形があります。この長方形の横の長さは何 cm ですか。

【式や考え方】

答え _____

03

和差算

❶ 110 ページ

【解説】

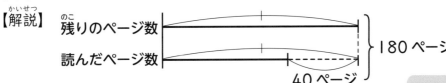

残りのページ数
読んだページ数
180 ページ
40 ページ

和は 180 ページです。

$180 + 40 = 220$（ページ）… ⊢—⊣ 2 つ分

$220 ÷ 2 = 110$（ページ）

❷ 11 時間 20 分

【解説】

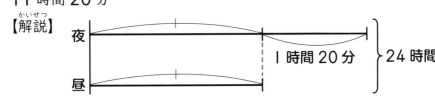

夜
昼
1 時間 20 分
24 時間

24 時間 $- 1$ 時間 20 分 $= 22$ 時間 40 分 … ⊢—⊣ 2 つ分

22 時間 40 分 $÷ 2 = 11$ 時間 20 分

昼と夜の時間の和は
24 時間です。

❸ 16cm

【解説】 $56 ÷ 2 = 28$（cm）… 縦と横の長さの和

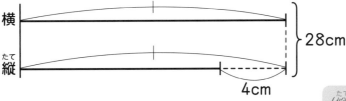

横
縦
28cm
4cm

$28 + 4 = 32$（cm）… ⊢—⊣ 2 つ分

$32 ÷ 2 = 16$（cm）

（縦＋横）× 2
＝周りの長さ です。

AさんとBさんの体重の合計は74kgです。Aさんの体重はCさんよりも4kg重く、Bさんの体重はCさんよりも2kg軽いです。Cさんの体重は何kgですか。

【式や考え方】

答え

 3つの数A、B、Cがあり、A－B＝13、A－C＝21、B＋C＝36です。Aはいくつですか。

【式や考え方】

答え

 花子さんのお父さんとお母さんの年令の和は80才、お父さんと花子さんの年令の和は50才、お母さんと花子さんの年令の和は46才です。花子さんは何才ですか。

【式や考え方】

答え

03

和差算

1 36kg
【解説】

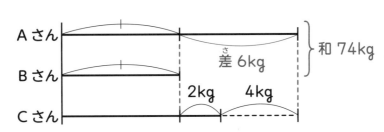

和がわかっている
AさんとBさんの
差を考えましょう。

4 + 2 = 6（kg）… Aさんの体重はBさんよりも6kg重い

(74 − 6) ÷ 2 = 34（kg）… ├─┤ 1つ分（＝ Bさんの体重）

34 + 2 = 36（kg）

2 35
【解説】

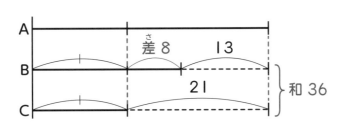

21 − 13 = 8 … BはCよりも8大きい

(36 − 8) ÷ 2 = 14 … ├─┤ 1つ分（＝ C）

14 + 21 = 35

お父さんの年令を
線分図の左側に書
きます。

3 8才
【解説】

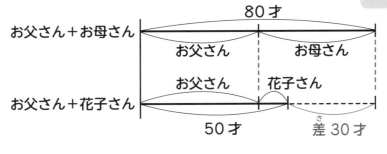

80 − 50 = 30（才）… お母さんと花子さんの年令の差

(46 − 30) ÷ 2 = 8（才）

04 差分け算（差分算）

差分け算の魔法ワザ入門

1. 登場人物は 2 人
2. 差の半分をわたすと等しくなる
3. 差分け算は線分図を使って解くことができる

例題 1

次の文は何算の問題ですか。

> みかんを、太郎さんは 8 個、花子さんは 4 個持っています。太郎さんが何個のみかんを花子さんにわたすと、2 人のみかんの個数が同じになりますか。

問題文には次のような特徴があります。

1. 登場人物は 2 人

   問題文に出てくるのは、「太郎さん」と「花子さん」の 2 人です。
2. みかんを何個かわたすと個数が同じになる

これらの 2 つの特徴がある問題は差分け算（差分算）です。

答え　差分け算（差分算）

例題2

おはじきを、太郎さんは 10 個、花子さんは 2 個持っています。太郎さんが何個のおはじきを花子さんにわたすと、2 人のおはじきの個数が同じになりますか。

1. おはじきをわたす前とわたした後の線分図を、縦に並べてかきます。

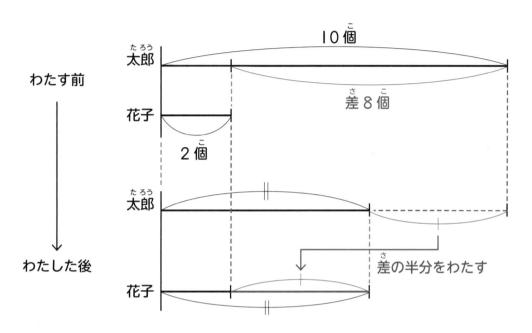

2. 「差の半分」をわたすと 2 人のおはじきの個数が同じになります。

$$10 - 2 = 8 \,(個) \cdots わたす前の差 = \overset{}{\longmapsto\!\!\longmapsto} 2 つ分$$

$$8 \div 2 = 4 \,(個)$$

答え	4 個

※ 線分図になれたら 1 つにまとめてもかまいません。

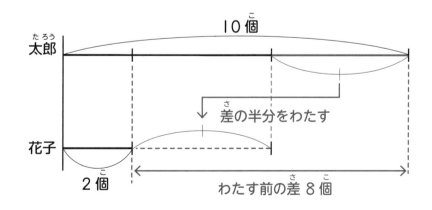

※ 差分け算には「和一定」を利用できる問題もありますが、この単元では「差の半分＝わたす量」という差分け算の基本の解き方を用いています。

問題 1 姉は 1000 円、妹は 600 円を持っていました。その後、姉が妹に何円かわたしたので、2 人の持っているお金が同じになりました。この様子を表す下の線分図の □ にあてはまる数を書きなさい。

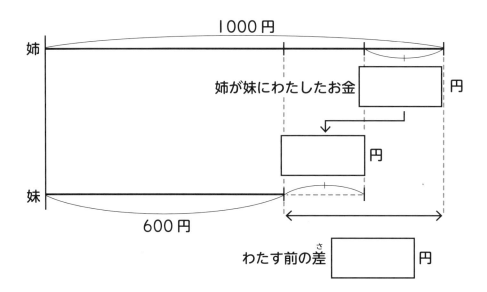

問題 2 姉と妹は同じお金を出し合ってえんぴつを何本か買いましたが、姉が妹よりもえんぴつを 4 本多くとることにしたので、姉は妹に 160 円わたしました。この様子を表す下の線分図の □ にあてはまる数を書き、えんぴつ 1 本の値段を求めなさい。

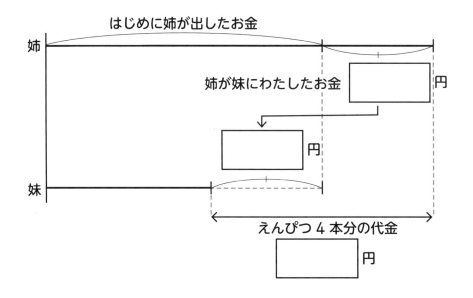

【式や考え方】

答え

46

問題 1 線分図は解説を参照

【解説】

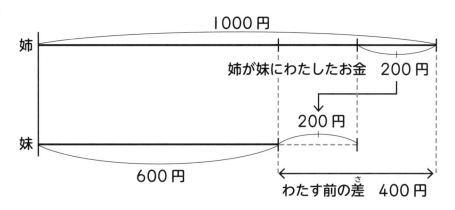

問題 2 線分図は解説を参照 、 80 円

【解説】

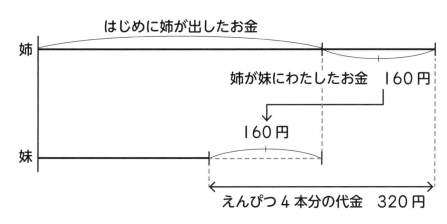

$160 \times 2 = 320$（円）…えんぴつ 4 本分の代金

$320 \div 4 = 80$（円）

差分け算は次のようにまとめられます。
はじめの差 ÷ 2 ＝等しくするためにわたす量

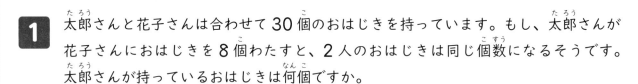

1 太郎さんと花子さんは合わせて 30 個のおはじきを持っています。もし、太郎さんが花子さんにおはじきを 8 個わたすと、2 人のおはじきは同じ個数になるそうです。太郎さんが持っているおはじきは何個ですか。

【式や考え方】

答え

2 姉は 40 個、妹は 10 個のおはじきを持っています。その後、姉が妹に何個かのおはじきをあげたので、姉のおはじきの個数は妹よりも 4 個だけ多くなりました。姉は妹に何個のおはじきをあげましたか。

【式や考え方】

答え

3 兄と弟は同じお金を出し合って 1 冊 60 円のノートを何冊か買いました。兄の方がノートを 4 冊多くとることにしました。兄は弟に何円わたせばよいですか。

【式や考え方】

答え

練習問題の解答と解説

差分け算（差分算）

1 23 個

【解説】

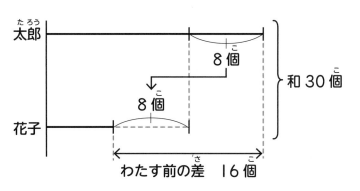

和差算と差分け算が合わさった問題です。

$8 × 2 = 16$（個）… わたす前の差

$(30 + 16) ÷ 2 = 23$（個）

2 13 個

【解説】

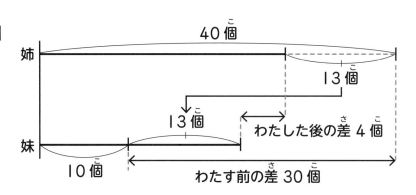

$30 - 4 = 26$（個）… ├─┤2 つ分

$26 ÷ 2 = 13$（個）

3 120 円

【解説】

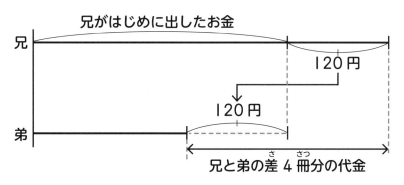

$4 ÷ 2 = 2$（冊）

$60 × 2 = 120$（円）

$60 × 4 = 240$（円）
$240 ÷ 2 = 120$（円）
でも OK です。

1 太郎さんと花子さんは同じ個数のおはじきを持っていました。その後、太郎さんが花子さんにおはじきを 12 個わたしたので、花子さんのおはじきの個数は太郎さんの 4 倍になりました。太郎さんがはじめに持っていたおはじきは何個ですか。

【式や考え方】

答え

発展問題

1 姉は 40 個、妹は 10 個のおはじきを持っています。その後、姉が妹に何個かのおはじきをあげたので、姉のおはじきの個数は妹よりも 4 個少なくなりました。姉は妹に何個のおはじきをあげましたか。

【式や考え方】

答え

1 20個
【解説】

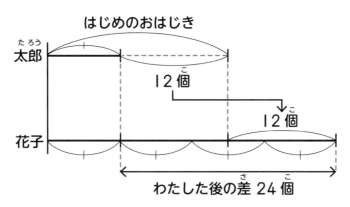

はじめのおはじき

太郎

12個

12個

花子

わたした後の差 24個

12 × 2 = 24（個）… わたした後の差 ├──┤ 3つ分
24 ÷ 3 = 8（個）
8 + 12 = 20（個）

わたした後の差の 24 個は
わたした後の太郎さんのおはじきの
個数の 3 倍です。

発展問題の解答と解説

1 17個
【解説】

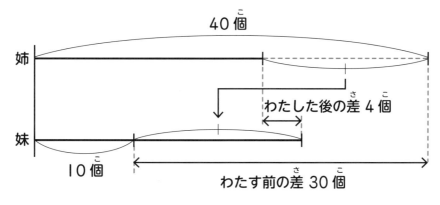

40個

姉

わたした後の差 4個

妹

10個

わたす前の差 30個

30 + 4 = 34（個）… わたしたおはじき ├──┤ 2つ分
34 ÷ 2 = 17（個）

わたす前の差の 30 個は
├──┤ 2 つ分よりも
4 個少ないです。

05 消去算①

消去算①の魔法ワザ入門

1. 「登場人物」は 2 人＊
2. 登場する 2 人について和が 2 つわかっていて、その単位は同じ＊
3. 「和と和」の消去算は表を使って解くことができる

＊：基本問題・練習問題の場合

例題 1

次の文は何算の問題ですか。

> コップにミルクを 1dL 入れて重さを量ると 270g です。同じコップにミルクを 3dL 入れて重さを量ると 510g でした。コップの重さは何 g ですか。

問題文には次のような特徴があります。

1. 登場人物は 2 人

   問題文に出てくるのは、「コップ」と「ミルク」の 2 つです。

2. 登場する 2 人について和が 2 つわかっていて、その単位は同じ

   「コップとミルク 1dL の和（270g）」と「コップとミルク 3dL の和（510g）」がわかっています。

これらの 2 つの特徴がある問題は消去算です。

答え　消去算

例題2

みかん3個とりんご2個の代金の和は520円、みかん5個とりんご4個の代金の和は1000円です。みかん1個の値段は何円ですか。

1. 表に整理します。

みかん	りんご	代金の和
3個	2個	520円
5個	4個	1000円

2. 「登場人物」の一方の数をそろえます。

りんごの数を2個と4個の最小公倍数の4個にそろえます。

みかん	りんご	代金の和	
3個	2個	520円	×2
5個	4個	1000円	
6個	4個	1040円	

「みかん3個とりんご2個」を2組買うと、代金も2倍になります。

3. 数をそろえた行のちがいに着目します。

みかん	りんご	代金の和
3個	2個	520円
5個	4個	1000円
6個	4個	1040円
1個		40円

←——ちがい

りんごの数は同じなので、「ちがい（差）」がなくなります。
このことを「消去する」といいます。

$3 \times 2 = 6$（個）

$520 \times 2 = 1040$（円）

$6 - 5 = 1$（個）

$1040 - 1000 = 40$（円）

$40 \div 1 = 40$（円）

答え	40 円

問題 1 次の文の中から消去算を選び、記号で答えなさい。

ア たまご 1 個とじゃがいも 1 個の代金の和は 150 円、たまご 1 個とじゃがいも 1 個の重さの和は 180g です。

イ たまご 1 個とじゃがいも 1 個の代金の和は 150 円、たまご 1 個とさつまいも 1 個の代金の和は 250 円です。

ウ たまご 1 個とじゃがいも 1 個の代金の和は 150 円、たまご 2 個とじゃがいも 1 個の代金の和は 200 円です。

答え [   ]

問題 2 次の文を読んで表の [   ] にあてはまる数を書きなさい。また、バナナ 1 本の値段も求めなさい。

> バナナ 2 本とオレンジ 1 個の代金の和は 270 円、バナナ 3 本とオレンジ 2 個の代金の和は 470 円です。バナナ 1 本の値段は何円ですか。

バナナ	オレンジ	代金の和
本	個	円
本	個	円
本	個	円
本		円

【式や考え方】

答え [   ]

54

問題1 ウ

【解説】ア…和の単位が「円」と「g」で、同じではありません。

イ…「たまごとじゃがいも」も「たまごとさつまいも」も和はそれぞれ1つしかわかっていません。

問題2 表は解説を参照、 70円

【解説】

バナナの代金を求めるので、もう一方のオレンジの個数をそろえて消去すると、計算を少なくできます。

バナナ	オレンジ	代金の和
2本	1個	270円
3本	2個	470円
4本	2個	540円
1本		70円

オレンジの数を1個と2個の最小公倍数の2個にそろえます。

2 × 2 = 4（本）

270 × 2 = 540（円）…バナナ4本とオレンジ2個の代金の和

540 − 470 = 70（円）

上の2行のちがいを書きます。

【別解】

バナナ	オレンジ	代金の和
2本	1個	270円
3本	2個	470円
1本	1個	200円

ちがい

オレンジの数が同じ2つの行のちがいを書きます。

バナナ	オレンジ	代金の和
2本	1個	270円
3本	2個	470円
1本	1個	200円
1本		70円

ちがい

470 − 270 = 200（円）…バナナ1本とオレンジ1個の代金の和

270 − 200 = 70（円）

1 バナナ 6 本とオレンジ 5 個の代金の和は 1080 円、バナナ 2 本とオレンジ 3 個の代金の和は 520 円です。オレンジ 1 個の値段は何円ですか。

【式や考え方】

答え [   ]

2 プリン 3 個とシュークリーム 4 個の代金の和は 1020 円、プリン 2 個とシュークリーム 5 個の代金の和は 960 円です。プリン 1 個の値段は何円ですか。

【式や考え方】

答え [   ]

1 120円

【解説】

バナナ	オレンジ	代金の和
6本	5個	1080円
2本	3個	520円
6本	9個	1560円
	4個	480円

バナナの数を6本と2本の最小公倍数の6本にそろえます。

2 × 3 = 6（本）

3 × 3 = 9（個）

520 × 3 = 1560（円）… バナナ6本とオレンジ9個の代金の和

9 − 5 = 4（個）

1560 − 1080 = 480（円）… オレンジ4個の代金

480 ÷ 4 = 120（円）

2 180円

【解説】

プリン	シュークリーム	代金の和	
3個	4個	1020円	
2個	5個	960円	×5
15個	20個	5100円	
8個	20個	3840円	
7個		1260円	

×4

プリンの値段を求めるので、シュークリームの数を4個と5個の最小公倍数の20個にそろえて消去します。

3 × 5 = 15（個）

4 × 5 = 20（個）

1020 × 5 = 5100（円）… プリン15個とシュークリーム20個の代金の和

2 × 4 = 8（個）

5 × 4 = 20（個）

960 × 4 = 3840（円）… プリン8個とシュークリーム20個の代金の和

15 − 8 = 7（個）

5100 − 3840 = 1260（円）… プリン7個の代金

1260 ÷ 7 = 180（円）

❶ えんぴつ 2 本とノート 5 冊の代金の和は 690 円、えんぴつ 5 本とノート 2 冊の代金の和は 570 円です。このとき、次の問いに答えなさい。

(1) えんぴつ 7 本とノート 7 冊の代金の和は何円ですか。
(2) えんぴつ 1 本の値段は何円ですか。

【式や考え方】

答え	(1)	(2)

❷ じゃがいも 1 個とにんじん 1 本の代金の和は 160 円、じゃがいも 3 個と玉ねぎ 2 個の代金の和は 410 円、にんじん 1 本と玉ねぎ 2 個の代金の和は 290 円です。じゃがいも 1 個の値段は何円ですか。

【式や考え方】

答え

05

消去算①

❶ (1) 1260 円　　(2) 70 円

【解説】

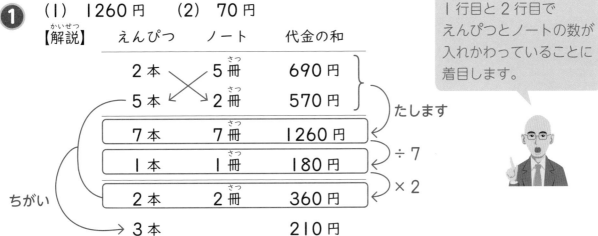

えんぴつ	ノート	代金の和
2本	5冊	690円
5本	2冊	570円
7本	7冊	1260円
1本	1冊	180円
2本	2冊	360円
3本		210円

1 行目と 2 行目で
えんぴつとノートの数が
入れかわっていることに
着目します。

(1) 690 ＋ 570 ＝ 1260 （円）

(2) 1260 ÷ 7 ＝ 180 （円）… えんぴつ 1 本とノート 1 冊の代金の和

1 80 × 2 ＝ 360 （円）… えんぴつ 2 本とノート 2 冊の代金の和

(570 － 360) ÷ (5 － 2) ＝ 70 （円）

❷ 70 円

【解説】

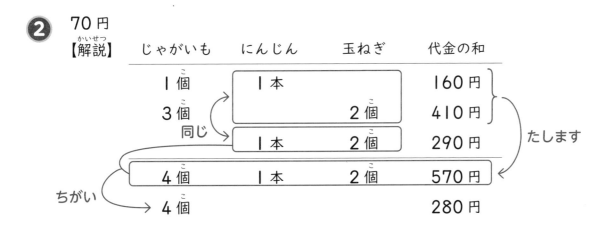

じゃがいも	にんじん	玉ねぎ	代金の和
1個	1本		160円
3個		2個	410円
	1本	2個	290円
4個	1本	2個	570円
4個			280円

160 ＋ 410 ＝ 570 （円）… じゃがいも 4 個とにんじん 1 本と玉ねぎ 2 個の代金の和

(570 － 290) ÷ 4 ＝ 70 （円）

1 行目と 2 行目をたすと
にんじんと玉ねぎの数が
3 行目と同じになります。

1 3つの数A、B、Cがあります。AとBの和は27、BとCの和は34、CとAの和は31です。A、B、Cはそれぞれいくつですか。

【式や考え方】

答え　A 　　、B 　　、C

2 図1の長方形の紙を2つに切り分けます。2つの長方形の周りの長さの合計は、図2のように切り分けると28cm、図3のように切り分けると32cmでした。図1の長方形の周りの長さは何cmですか。

図1　　　　　　　図2 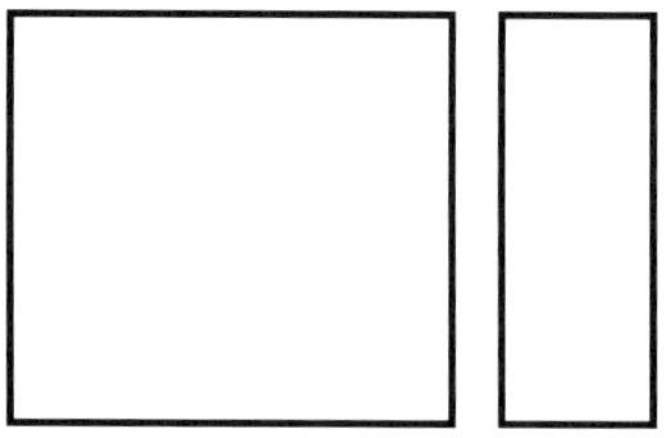　　　　　　　図3

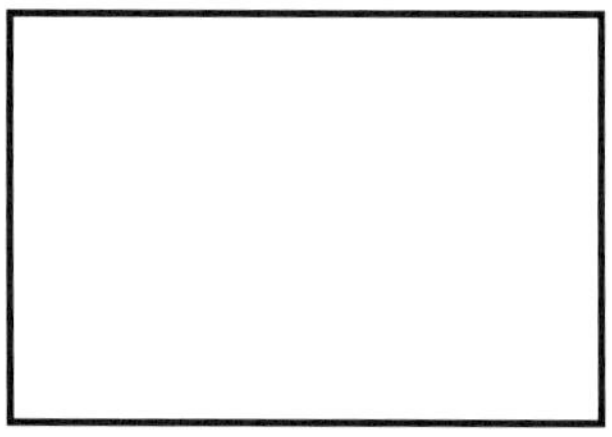

【式や考え方】

答え

60

⭐1

A 12、　　B 15、　　C 19

【解説】

A	B	C	和
◯	◯		27
	◯	◯	34
◯		◯	31
◯◯	◯◯	◯◯	92
◯	◯	◯	46 …★

たします

1～3行目に、A、B、Cがそれぞれ2つずつあることを利用します。

27 + 34 + 31 = 92 … A、B、C 2つずつの和
92 ÷ 2 = 46 … AとBとCの和（★）
46 − 27 = 19 … C
46 − 34 = 12 … A
46 − 31 = 15 … B

⭐2

20cm

【解説】　図1の長方形の縦の長さをあcm、横の長さをいcmとします。

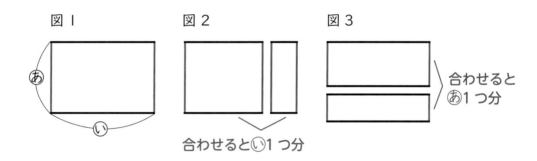

図1　図2 合わせるとい1つ分　図3 合わせるとあ1つ分

表に整理します。

あ	い	周りの長さ
4つ	2つ	28cm
2つ	4つ	32cm
6つ	6つ	60cm
2つ	2つ	20cm

たします

28 + 32 = 60（cm）… あ6つ分とい6つ分の和
60 ÷ 3 = 20（cm）… あ2つ分とい2つ分の和＝図1の長方形の周りの長さ

06 消去算②

消去算②の魔法ワザ入門

1. 「登場人物」は2人*
2. 登場する2人についての和と差がわかっていて、その単位は同じ*
3. 「和と差」の消去算は式を使って解くことができる

＊：基本問題・練習問題の場合

例題1

次の文は何算の問題ですか。

> じゃがいも1個の値段はたまご1個の値段よりも50円高く、じゃがいも1個とたまご2個の代金の和は140円です。たまご1個の値段は何円ですか。

問題文には次のような特徴があります。

1. 登場人物は2人
   問題文に出てくるのは、「じゃがいも」と「たまご」の2つです。

2. 登場する2人について和と差がわかっていて、その単位は同じ
   「じゃがいも1個とたまご1個の差（50円）」と「じゃがいも1個とたまご2個の和（140円）」がわかっています。

これらの2つの特徴がある問題は消去算です。

答え　消去算

例題2

りんご1個の値段はみかん1個の値段よりも120円高く、りんご1個とみかん2個の代金の和は270円です。みかん1個の値段は何円ですか。

1. 問題の2つの条件を式に整理します。

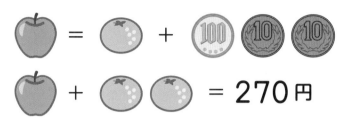

2. 代金が同じものに着目します。

「りんご1個」の代わりに「みかん1個と120円」を買っても270円です。

$$270 - 120 = 150 （円） … みかん3個の代金$$
$$150 \div 3 = 50 （円）$$

答え	50 円

絵で考えることになれたら、「言葉の式」で書くようにしていきましょう。

り 1 個 ＝ み 1 個 ＋ 120 円 ── どれも同じです

り 1 個 ＋ み 2 個 ＝ 270 円 ── 「り 1 個」の代わりに「み 1 個＋120 円」を書きます

み 1 個 ＋ 120 円 ＋ み 2 個 ＝ 270 円
み 3 個 ＋ 120 円 ＝ 270 円

代わりにあてはめることを「代入する」といいます。

問題 1　次の文の中から消去算を選び、記号で答えなさい。

ア　赤ペン１本と３色ペン１本の代金の和は 280 円、赤ペン１本は３色ペン１本よりも 10g 軽いです。

イ　赤ペン１本と３色ペン１本の代金の和は 280 円、青ペン１本は３色ペン１本よりも 130 円安いです。

ウ　赤ペン２本と３色ペン１本の代金の和は 360 円、赤ペン１本は３色ペン１本よりも 120 円安いです。

答え

問題 2　次の文を読んで式の ☐ にあてはまる数や言葉を書きなさい。また、バナナ１本の値段も求めなさい。

> オレンジ１個の値段はバナナ１本の値段よりも 100 円高く、オレンジ１個とバナナ３本の代金の和は 500 円です。バナナ１本の値段は何円ですか。

オ１個　＝　☐　＋　☐　円

オ１個　＋　☐　＝　☐　円

☐　＋　☐　円 ＋バ３本 ＝　☐　円

【式や考え方】

答え

解答と解説 --

問題 1 ウ

【解説】 ア…和の単位は「円」、差の単位は「g」で、同じではありません。

イ…「赤ペンと 3 色ペン」は和が 1 つだけ、「青ペンと 3 色ペン」は差が
1 つだけしかわかっていません。

問題 2 言葉の式は解説を参照、 100 円

【解説】 オ 1 個 ＝ バ 1 本 ＋ 100 円

代入 オ 1 個 ＋ バ 3 本 ＝ 500 円
バ 1 本 ＋ 100 円 ＋ バ 3 本 ＝ 500 円
バ 4 本 ＋ 100 円 ＝ 500 円
500 － 100 ＝ 400 （円）… バナナ 4 本の代金
400 ÷ 4 ＝ 100 （円）

「オ 1 個」に
「バ 1 本＋100 円」
を代入します。

【別解】 オ 1 個 － 100 円 ＝ バ 1 本
オ 1 個 ＋ バ 3 本 ＝ 500 円 ×3
オ 3 個 － 300 円 ＝ バ 3 本

代入 「バ 3 本」に「オ 3 個 － 300 円」を代入します。
オ 1 個 ＋ オ 3 個 － 300 円 ＝ 500 円
オ 4 個 － 300 円 ＝ 500 円
500 ＋ 300 ＝ 800 （円）… オレンジ 4 個の代金
800 ÷ 4 ＝ 200 （円）… オレンジ 1 個の代金
200 － 100 ＝ 100 （円）

オレンジ 1 個の値段
を先に求めても OK
です。

1 じゃがいも1個の代金は玉ねぎ1個の代金よりも20円高く、じゃがいも1個と玉ねぎ4個の代金の和は370円です。じゃがいも1個と玉ねぎ1個の値段はそれぞれ何円ですか。

【式や考え方】

答え	じゃがいも	、 玉ねぎ

2 りんご2個の代金はみかん5個の代金よりも110円高く、りんご1個とみかん3個の代金の和は330円です。りんご1個とみかん1個の値段はそれぞれ何円ですか。

【式や考え方】

答え	りんご	、 みかん

1 じゃがいも　90 円、　玉ねぎ　70 円

【解説】　じ 1 個 ＝ 玉 1 個 ＋ 20 円

代入　じ 1 個 ＋ 玉 4 個 ＝ 370 円

玉 1 個 ＋ 20 円 ＋ 玉 4 個 ＝ 370 円

玉 5 個 ＋ 20 円 ＝ 370 円

370 － 20 ＝ 350（円）… 玉ねぎ 5 個の代金

350 ÷ 5 ＝ 70（円）… 玉ねぎ 1 個の値段

70 ＋ 20 ＝ 90（円）… じゃがいも 1 個の値段

2 りんご　180 円、　みかん　50 円

【解説】　り 2 個 ＝ み 5 個 ＋ 110 円

り 1 個 ＋ み 3 個 ＝ 330 円　　　×2

代入　り 2 個 ＋ み 6 個 ＝ 660 円

み 5 個 ＋ 110 円 ＋ み 6 個 ＝ 660 円

み 11 個 ＋ 110 円 ＝ 660 円

660 － 110 ＝ 550（円）… みかん 11 個の代金

550 ÷ 11 ＝ 50（円）… みかん 1 個の値段

（50 × 5 ＋ 110）÷ 2 ＝ 180（円）… りんご 1 個の値段

りんごの数を 1 個と 2 個の最小公倍数の 2 個にそろえます。

【別解】　り 2 個 ＝ み 5 個 ＋ 110 円

×3　り 1 個 ＋ み 3 個 ＝ 330 円

り 6 個 ＝ み 15 個 ＋ 330 円　　×5

り 6 個 － 330 円 ＝ み 15 個

り 5 個 ＋ み 15 個 ＝ 1650 円

代入　り 5 個 ＋ り 6 個 － 330 円 ＝ 1650 円

り 11 個 － 330 円 ＝ 1650 円

1650 ＋ 330 ＝ 1980（円）… りんご 11 個の代金

1980 ÷ 11 ＝ 180（円）… りんご 1 個の値段

（330 － 180）÷ 3 ＝ 50（円）… みかん 1 個の値段

りんご 1 個の値段を先に求めても OK です。

❶ えんぴつ 3 本の代金は赤ペン 3 本の代金より 60 円安く、えんぴつ 5 本と赤ペン 2 本の代金の和は 600 円です。えんぴつ 1 本の値段は何円ですか。

【式や考え方】

答え

❷ りんご 5 個とみかん 3 個の代金の和は 1130 円です。また、りんご 3 個とみかん 2 個の代金の和は、りんご 2 個とみかん 5 個の代金の和よりも 10 円高いです。みかん 1 個の値段は何円ですか。

【式や考え方】

答え

① 80 円

【解説】

え 3 本 = 赤 3 本 - 60 円

え 5 本 + 赤 2 本 = 600 円 } ÷ 3

代入

え 1 本 = 赤 1 本 - 20 円

え 5 本 = 赤 5 本 - 100 円 } × 5

赤 5 本 - 100 円 + 赤 2 本 = 600 円

赤 7 本 - 100 円 = 600 円

600 + 100 = 700 (円) … 赤ペン 7 本の代金

700 ÷ 7 = 100 (円) … 赤ペン 1 本の値段

100 - 20 = 80 (円) … えんぴつ 1 本の値段

「3 本」、「60 円」を最大公約数の 3 でわっておくと計算しやすいです。

② 60 円

【解説】

り 5 個 + み 3 個 = 1130 円

り 1 個 ～～～～ み 3 個

り 3 個 + み 2 個 = り 2 個 + み 5 個 + 10 円

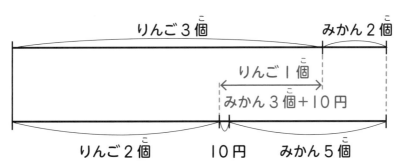

代入

り 1 個 = み 3 個 + 10 円

り 5 個 = み 15 個 + 50 円 } × 5

み 15 個 + 50 円 + み 3 個 = 1130 円

み 18 個 + 50 円 = 1130 円

1130 - 50 = 1080 (円) … みかん 18 個の代金

1080 ÷ 18 = 60 (円)

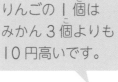

りんごの 1 個はみかん 3 個よりも 10 円高いです。

発展問題

⭐**1** 3つの数A、B、Cがあります。AとBとCの和は23です。また、AはBの2倍よりも2小さく、AとBの和はCの5倍よりも1小さいです。A、B、Cはそれぞれいくつですか。

【式や考え方】

答え	A	、B	、C

⭐**2** 下の図は、A、B、C 3種類の重さのちがうボールを上皿天びんにのせてつり合わせたときの様子を表しています。次の問いに答えなさい。

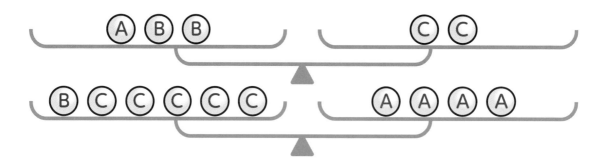

（1）ボールA1個の重さは、ボールB何個の重さと同じですか。

（2）ボールC1個の重さが12gとすると、ボールA1個の重さは何gですか。

【式や考え方】

答え	（1）	（2）

❶ A 12、 B 7、 C 4

【解説】 $A + B + C = 23$

代入 $A = B \times 2 - 2$

$A + B = C \times 5 - 1$

$C \times 5 - 1 + C = 23$

$C \times 6 - 1 = 23$

$(23 + 1) \div 6 = 4 \cdots C$

$23 - 4 = 19 \cdots A + B$

$A + B = 19$

$B \times 2 - 2 + B = 19$

$B \times 3 - 2 = 19$

$(19 + 2) \div 3 = 7 \cdots B$

$19 - 7 = 12 \cdots A$

代入

❷ (1) 4個 (2) 16g

【解説】 (1) ボールCの数を2個と5個の最小公倍数の10個にそろえます。

$A 1 個 + B 2 個 = C 2 個$

×5 $\quad B 1 個 + C 5 個 = A 4 個$

$A 5 個 + B 10 個 = C 10 個 \quad \times 2$

$B 2 個 + C 10 個 = A 8 個$

代入 $B 2 個 + A 5 個 + B 10 個 = A 8 個$

$B 12 個 + A 5 個 = A 8 個$

$B 12 個 = A 3 個$

$12 \div 3 = 4$（個）

AとBの関係を求めるのでCを消去します。

(2) $12 \times 2 = 24$ （g）… ボールA1個とボールB2個の重さの和

$4 + 2 = 6$（個）… ボールA1個とボールB2個の重さはボールB6

個の重さと同じ

$24 \div 6 = 4$ （g）… ボールB1個の重さ

$4 \times 4 = 16$ （g）

07 つるかめ算

つるかめ算の魔法ワザ入門

1. 「登場人物」は 2 人*
2. 和が 2 つわかっている*
3. 2 つの和の単位（たんい）は同じではない
4. つるかめ算は表や面積図（めんせきず）を使って解く（と）ことができる

＊：基本（きほん）問題・練習問題の場合

例題（れいだい）1

次の文は何算の問題ですか。

> 1 個（こ）100 円のじゃがいもと 1 個（こ）40 円のたまごが合わせて 10 個（こ）あります。じゃがいもとたまごの代金の合計は 760 円です。じゃがいもは何個（なんこ）ありますか。

問題文には次のような特徴（とくちょう）があります。

1. 登場人物は 2 人
   問題文に出てくるのは、「じゃがいも」と「たまご」の 2 つです。

2. 和が 2 つわかっている
   じゃがいもとたまごの「個数の和（こすう）」と「代金の和」の 2 つがわかっています。

3. 2 つの和の単位（たんい）は同じでない
   和の単位（たんい）は「個（こ）」と「円」で同じではありません。

これらの 3 つの特徴（とくちょう）がある問題はつるかめ算です。

答え	つるかめ算

例題 2

1個200円のりんごと1個50円のみかんが合わせて10個あります。りんごとみかんの代金の合計は1100円です。りんごは何個ありますか。

1. 表を書きます。

   求めるりんごについて、数が0個の場合から書いていきます。

りんご（個）	0	1	2		
みかん（個）	10	9	8		
代金（円）	500	650	800		

2. となり合う代金の差に着目します。

   りんごが1個増えると、代金は150円増えます。

りんご（個）	0	1	2		
みかん（個）	10	9	8		
代金（円）	500	650	800		

$$+150 \qquad +150$$

3. りんごの数が0個のときの代金から増える代金（差）に着目します。

りんご（個）	0	1	2	…	
みかん（個）	10	9	8	…	
代金（円）	500	650	800	…	1100

$$+150 \qquad +150 \qquad \cdots \qquad +150$$

差600

$$600 \div 150 = 4 \quad \blacktriangleright \quad 0 \text{個の列から右に} 4 \text{列進みます。}$$

$$0 + 4 = 4 \text{（個）}$$

なれたら「0+4=4」の式は書かなくてもかまいません。

答え　　4個

ねずみとこおろぎが合わせて 20 匹います。また、足の数は合わせて 90 本です。こおろぎ
は何匹いますか。

1. 面積図をかきます。

かけられる数（1 匹の足の数）を縦、かける数（匹数）を横、積（足の数の合計）を面
積としてかきます。

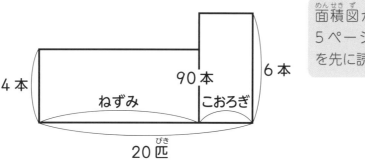

面積図が初めてのときは、
5 ページの「整理の方法」
を先に読みましょう。

2. 赤色部分と面積図全体の差に着目します。

もし、20 匹がすべてねずみだとすると足の数の合計は 80 本ですが、本当の本数は
90 本ですから、白色部分は 10 本とわかります。

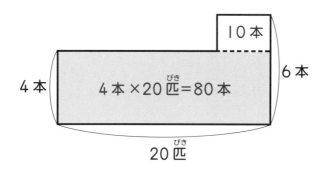

3. 白色部分について、「（面積）÷（縦）＝（横）」を計算します。

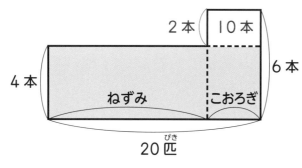

$$6 - 4 = 2 \ (本) \cdots 白色部分の縦$$

$$10 \div 2 = 5 \ (匹) \cdots 白色部分の横 \ \blacktriangleright \ こおろぎの匹数$$

答え　　5 匹

問題 1　次の文の中からつるかめ算を選び、記号で答えなさい。

ア　じゃがいも1個とたまご1個の代金の合計は150円で、じゃがいも1個の値段はたまご1個の値段よりも30円安いです。たまご1個の値段は何円ですか。

イ　じゃがいも1個とたまご1個の代金の合計は150円で、じゃがいも1個とたまご2個の代金の合計は210円です。たまご1個の値段は何円ですか。

ウ　1個の値段はじゃがいもが90円、たまごが60円です。じゃがいもとたまごが合わせて10個あり、それらの代金の合計が720円のとき、たまごは何個ありますか。

答え _____

問題 2　次の文を読んで表と ☐ にあてはまる数を書きなさい。また、オレンジが何個あるかも求めなさい。

> 1個150円のオレンジと1個50円のみかんが合わせて10個あり、代金の合計は900円です。オレンジは何個ありますか。

オレンジ（個）	0	1		…	?
みかん（個）				…	
代金（円）				…	

+ ☐　+ ☐　+ ☐

【式や考え方】

答え _____

次の文を読んで面積図の ☐ にあてはまる数を書きなさい。また、かぶとむしの匹数も求めなさい。

犬とかぶとむしが合わせて 30 匹います。また、足の数は合わせて 140 本です。かぶとむしは何匹いますか。

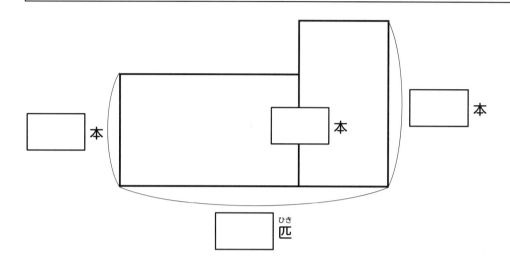

【式や考え方】

答え

解答と解説 ·－

問題 1 ウ

【解説】 ア…2つの数の和と差に着目する和差算です。

イ…「単位が同じ2つの和」のちがいに着目する消去算です。

問題 2 表は解説を参照、 4個

【解説】

オレンジ（個）	0	1	2	…	?
みかん（個）	10	9	8	…	(6)
代金（円）	500	600	700	…	900

+100　　+100　　…　　+100

（900 − 500）÷ 100 = 4（個）

※表の（6）はなくてもかまいません。

問題 3 面積図は解説を参照、 10匹

【解説】

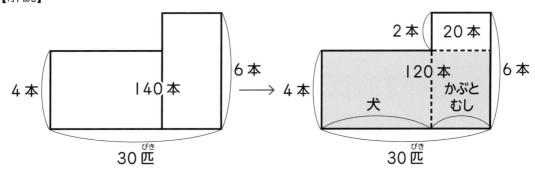

4 × 30 = 120（本）… 赤色部分

140 − 120 = 20（本）… 白色部分

20 ÷（6 − 4）= 10（匹）… かぶとむし

1 1個100円のアンパンと1個120円のジャムパンを合わせて10個買うと、代金は1080円でした。ジャムパンを何個買いましたか。表を書いて解きましょう。

【式や考え方】

答え

2 4gのおもりと12gのおもりが合わせて20個あります。おもりの重さの合計が144gのとき、4gのおもりは何個ありますか。面積図をかいて解きましょう。

【式や考え方】

答え

1 4個

【解説】

アンパン（個）	10	9	8	…	
ジャムパン（個）	0	1	2	…	?
代金（円）	1000	1020	1040	…	1080

　　　　　　　+20　　+20　　…　　+20

$100 × 10 = 1000$（円）

$1080 - 1000 = 80$（円）

$120 - 100 = 20$（円）

$80 ÷ 20 = 4$　→　ジャムパンは4個

※アンパン0個、ジャムパン10個から調べても
OKです。

求めるジャムパンの数を
0個にすると、計算を少
なくできます。

2 12個

【解説】赤色部分をつけ足して大きな長方形を作ります。

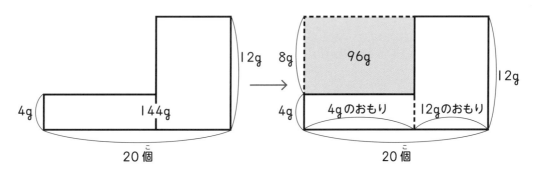

$12 × 20 = 240$（g）… 長方形（大）の面積

$240 - 144 = 96$（g）… 右図の赤色部分

$96 ÷ (12 - 4) = 12$（個）… 4gのおもりの数

※12gのおもりの数を求めてから4gのおもりの数を求めてもOKです。

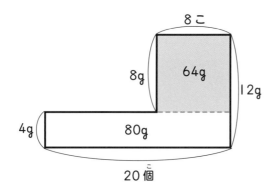

求める4gのおもりの側
に長方形をつけ足すと、
計算を少なくできます。

1 コップ1個をこわさずに運ぶと50円もらえますが、もしこわしてしまうと反対にコップ代の120円のべんしょうが必要です。100個のコップを運びましたが、もらえたお金は3300円でした。こわしてしまったコップは何個ですか。表を書いて解きましょう。

【式や考え方】

答え

2 1本が50円、70円、80円のえんぴつがあります。これらのえんぴつを合わせて30本買うと、代金の合計は1920円でした。50円のえんぴつと70円のえんぴつの買った本数が同じとき、買った80円のえんぴつは何本でしたか。表を書いて解きましょう。

【式や考え方】

答え

応用問題の解答と解説

① 10個

【解説】「こわしたコップが0個、運んだコップが100個」から表を書きます。

運んだコップ（個）	100	99	98	…	
こわしたコップ（個）	0	1	2	…	?
もらえるお金（円）	5000	4830	4660	…	3300

－170　－170　…　－170

$50 \times 100 = 5000$（円）

$50 + 120 = 170$（円）…1列ずれるときに減るお金

$(5000 - 3300) \div 170 = 10$（個）

べんしょうする問題は表を
使うと解きやすいです。

② 6本

【解説】「同じ本数のえんぴつが0本」から表を書きます。

50円のえんぴつ（本）	0	1	2	…	
70円のえんぴつ（本）	0	1	2	…	
80円のえんぴつ（本）	30	28	26	…	?
代金（円）	2400	2360	2320	…	1920

－40　－40　…　－40

$80 \times 30 = 2400$（円）

$80 \times 2 - (50 + 70) = 40$（円）…1列ずれるときに減る代金

$(2400 - 1920) \div 40 = 12 \rightarrow$ 50円のえんぴつと70円のえんぴつ
は12本ずつ

$30 - 12 \times 2 = 6$（本）…80円のえんぴつ

50円のえんぴつが1本増えると
70円のえんぴつも1本増え、
80円のえんぴつは2本減ります。

1 姉と妹はおはじきをそれぞれ 50 個持っています。2 人はジャンケンをして、姉が勝つと妹からおはじきを 3 個もらい、姉が負けると妹に 5 個わたし、あいこのときはおはじきのやりとりをしないことにしました。ジャンケンを 10 回したとき、姉のおはじきは 34 個になっていました。あいこが 2 回あったとき、姉は何回勝ちましたか。表を書いて解きましょう。

【式や考え方】

答え	

2 1 本が 50 円、70 円、80 円のえんぴつがあります。これらのえんぴつを合わせて 24 本買うと、代金の合計は 1530 円でした。50 円のえんぴつを 70 円のえんぴつより 1 本多く買ったとき、えんぴつをそれぞれ何本買いましたか。表を書いて解きましょう。

【式や考え方】

答え	50 円	、	70 円	、	80 円

1 3回

【解説】 10 － 2 ＝ 8（回）… おはじきのやりとりがあった回数

「姉が負けた回数が 0 回、姉が勝った回数が 8 回」から表を書きます。

姉が勝った回数（回）	8	7	6	…	?
姉が負けた回数（回）	0	1	2	…	
姉のおはじき（個）	74	66	58	…	34

－8 －8 … －8

50 ＋ 3 × 8 ＝ 74（個）

3 ＋ 5 ＝ 8（個）… 1 列ずれるときに減る姉のおはじきの数

（74 － 34）÷ 8 ＝ 5（回）… 姉が負けた回数

8 － 5 ＝ 3（回）

2 50 円 10 本、70 円 9 本、80 円 5 本

【解説】 「70 円のえんぴつが 0 本」から表を書きます。

50 円のえんぴつ（本）	1	2	3	…	
70 円のえんぴつ（本）	0	1	2	…	
80 円のえんぴつ（本）	23	21	19		?
代金（円）	1890	1850	1810	…	1530

－40 －40 … －40

80 × 23 ＋ 50 × 1 ＝ 1890（円）

80 × 2 －（50 ＋ 70）＝ 40（円）… 1 列ずれるときに減る代金

（1890 － 1530）÷ 40 ＝ 9 → 70 円のえんぴつは 9 本

1 ＋ 9 ＝ 10（本）… 50 円のえんぴつ

24 －（10 ＋ 9）＝ 5（本）… 80 円のえんぴつ

80 円のえんぴつは
23 － 2 × 9 ＝ 5（本）
としても OK です。

08 やりとり算

★★★ やりとり算の魔法ワザ入門

1. やりとり算は流れ図を使って解くことができる
2. わたした人とわたされた人の和は変わらない（和一定）

例題1

みかんを兄は 10 個、弟は 3 個持っていました。はじめに兄が弟に 5 個わたし、次に弟が兄に 4 個わたしました。兄と弟がいま持っているみかんはそれぞれ何個ですか。

1. みかんのやりとりを流れ図に整理します。

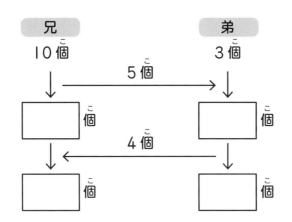

流れ図は、やりとりの様子が上から下へ順に表されている図のことです。

2. 流れ図を上から下へ下がりながら、2人のみかんの数を書きます。

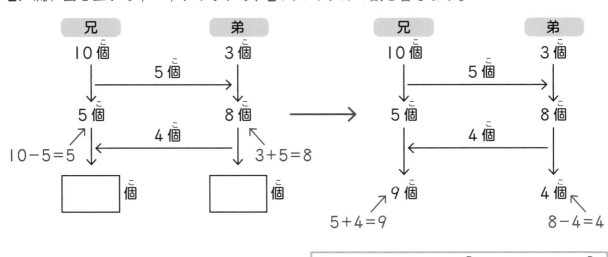

| 答え | 兄 9 個、弟 4 個 |

例題2

太郎さんと花子さんはおはじきを持っています。はじめに太郎さんが花子さんに5個わたし、次に花子さんが太郎さんに3個わたしたところ、太郎さんのおはじきは24個、花子さんのおはじきは16個になりました。太郎さんと花子さんがはじめに持っていたおはじきはそれぞれ何個ですか。

1. おはじきのやりとりを流れ図に整理します。

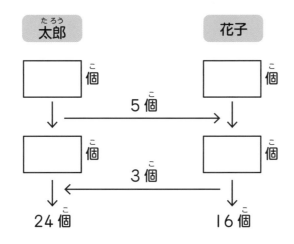

2. 流れ図を下から上へもどりながら、2人のおはじきの数を書きます。

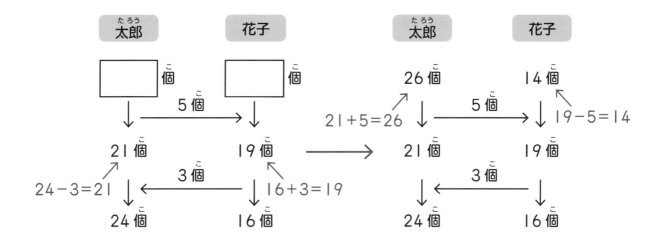

答え　太郎さん　26個、花子さん　14個

問題 1 おはじきを兄は 12 個、弟は 6 個持っていましたが、はじめに兄が弟におはじきを 4 個わたし、次に弟が兄に 3 個をわたしました。この様子を表す下の流れ図の ☐ にあてはまる数を書きなさい。

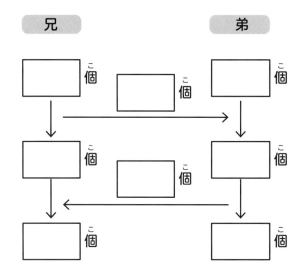

問題 2 姉と妹はお金をそれぞれ何円か持っていました。はじめに姉が妹に 200 円わたし、次に妹が姉に 120 円をわたすと、姉のお金は 500 円、妹のお金は 360 円になりました。この様子を表す下の流れ図の ☐ にあてはまる数を書き、姉と妹がはじめに持っていたお金を求めなさい。

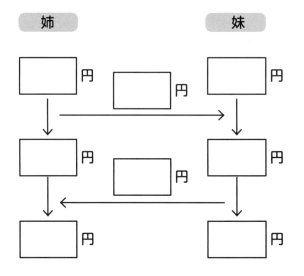

【式や考え方】

答え　姉　　　、妹

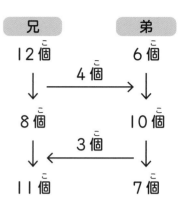

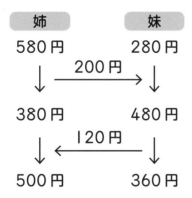

解答と解説

問題 1 流れ図は解説を参照

【解説】兄は 4 個減ってに 8 個になりました。

12 − 4 = 8（個）… 4 個わたした後の兄

弟は 4 個増えて 10 個になりました。

6 + 4 = 10（個）… 4 個もらった後の弟

弟は 3 個減って 7 個になりました。

10 − 3 = 7（個）… 最後の弟

兄は 3 個増えて 11 個になりました。

8 + 3 = 11（個）… 最後の兄

兄		弟
12個	→4個→	6個
↓		↓
8個	←3個←	10個
↓		↓
11個		7個

問題 2 流れ図は解説を参照、姉 580 円、妹 280 円

【解説】姉は 120 円増えて 500 円になりました。

500 − 120 = 380（円）… 120 円をもらう前の姉

妹は 120 円減って 360 円になりました。

360 + 120 = 480（円）… 120 円をわたす前の妹

姉は 200 円減って 380 円になりました。

380 + 200 = 580（円）… はじめの姉

妹は 200 円増えて 480 円になりました。

480 − 200 = 280（円）… はじめの妹

姉		妹
580円	→200円→	280円
↓		↓
380円	←120円←	480円
↓		↓
500円		360円

やりとり算

1 太郎さんと花子さんはお金を持っています。はじめに太郎さんが花子さんに 100 円をわたし、次に花子さんが太郎さんに 200 円をわたしたところ、太郎さんのお金は 800 円、花子さんのお金は 500 円になりました。太郎さんと花子さんがはじめに持っていたお金はそれぞれ何円ですか。

【式や考え方】

答え　太郎さん　　　　　　、花子さん

2 一郎さん、二郎さん、三郎さんはおはじきを持っています。はじめに一郎さんが二郎さんにおはじきを 7 個わたし、次に二郎さんが三郎さんにおはじきを 6 個わたし、最後に三郎さんが一郎さんにおはじきを 4 個わたすと、3 人ともおはじきの数が 15 個になりました。一郎さん、二郎さん、三郎さんがはじめに持っていたおはじきの数はそれぞれ何個ですか。

【式や考え方】

答え　一郎さん　　　　　　、二郎さん　　　　　　、三郎さん

1 太郎さん 700円、 花子さん 600円

【解説】

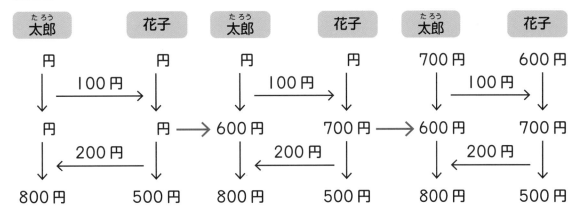

$800 - 200 = 600$（円）… 200円もらう前の太郎さん

$500 + 200 = 700$（円）… 200円わたす前の花子さん

$600 + 100 = 700$（円）… 100円わたす前の太郎さん（はじめの太郎さん）

$700 - 100 = 600$（円）… 100円もらう前の花子さん（はじめの花子さん）

2 一郎さん 18個、 二郎さん 14個、 三郎さん 13個

【解説】

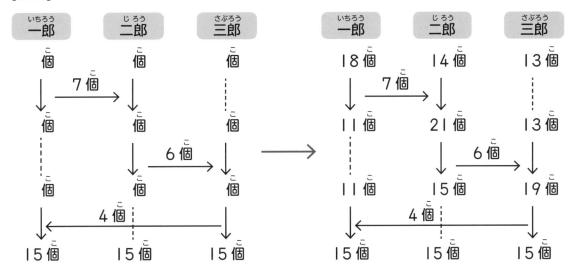

$15 - 4 = 11$（個）… 4個もらう前の一郎さん

$15 + 4 = 19$（個）… 4個わたす前の三郎さん

$19 - 6 = 13$（個）… 6個もらう前の三郎さん（はじめの三郎さん）

$15 + 6 = 21$（個）… 6個わたす前の二郎さん

$21 - 7 = 14$（個）… 7個もらう前の二郎さん（はじめの二郎さん）

$11 + 7 = 18$（個）… 7個わたす前の一郎さん（はじめの一郎さん）

❶ おはじきを春子さんは 20 個、夏子さんは 6 個、秋子さんは 10 個持っていました。その後、春子さんが夏子さんにおはじきを何個かわたし、次に夏子さんが秋子さんにおはじきを何個かわたすと、3 人が持っているおはじきの個数が同じになりました。春子さんが夏子さんにわたしたおはじきは何個ですか。

【式や考え方】

答え

❷ 一郎さん、二郎さん、三郎さんの 3 人は、合わせて 3000 円のお金を持っていました。その後、一郎さんが三郎さんに 500 円を、二郎さんが三郎さんに 200 円をわたすと、3 人が持っているお金が同じになりました。三郎さんがはじめに持っていたお金は何円ですか。

【式や考え方】

答え

❶ 8個

【解説】 20 ＋ 6 ＋ 10 ＝ 36（個）… 3人の和

36 ÷ 3 ＝ 12（個）… やりとりをした後の1人分

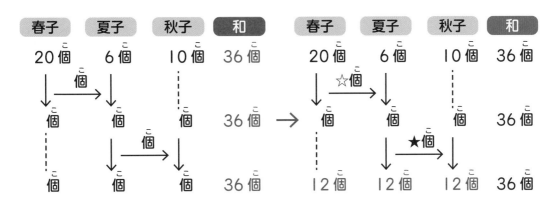

20 － ☆ ＝ 12（個）→ ☆ ＝ 8（個）

※ ★ ＝ 2（個）より、6 ＋ ☆ － 2 ＝ 12（個）→ ☆ ＝ 8（個）としても OK です。

3人のおはじきの合計（和）はいつでも36個です。

❷ 300円

【解説】 3000 ÷ 3 ＝ 1000（円）… やりとりをした後の1人分

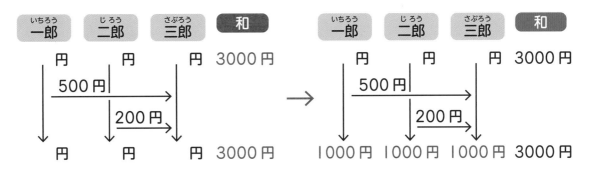

1000 －（500 ＋ 200）＝ 300（円）

3人のお金の合計（和）はいつでも3000円です。

1 春子さんが持っているおはじきの数は、夏子さんと秋子さんが持っているおはじきの数の和と同じです。もし、春子さんが夏子さんに30個、秋子さんに45個のおはじきをわたすと、3人のおはじきの数は同じになります。3人が持っているおはじきはそれぞれ何個ですか。

【式や考え方】

答え	春子さん	、夏子さん	、秋子さん

2 一郎さん、二郎さん、三郎さんの3人が遊びに行きました。一郎さんは3人分の電車代を、二郎さんは3人分のバス代を、三郎さんは3人分の食事代をはらいました。その後、出したお金を同じにするため、二郎さんは一郎さんに200円、三郎さんに320円をわたしました。ただし、電車代はバス代の3倍です。

（1） 3人分のバス代は何円ですか。
（2） 1人が出したお金は何円になりましたか。

【式や考え方】

答え	（1）	（2）

1 春子さん 225個、 夏子さん 120個、 秋子さん 105個

【解説】 やりとりの後の1人分を①個とします。

①＋①＋①＝③（個）… やりとりの後の3人の和

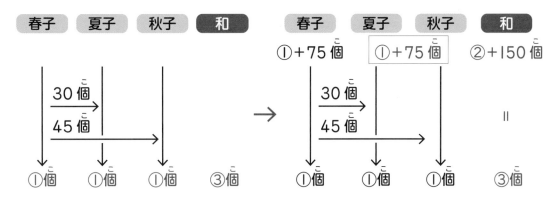

①＋75＋①＋75＝②＋150＝③（個）→ ①＝150（個）

150＋75＝255（個）… 春子さん

150－30＝120（個）… 夏子さん

150－45＝105（個）… 秋子さん

はじめの夏子さんと秋子さん
の和を②－75個として解く
こともできます。

2 (1) 360円 (2) 880円

【解説】 ①解法を使います。

「はらったお金」に着目しますので、一郎さんは二郎さんから200円をも
らうとはらったお金が200円減ることに注意します。また、二郎さんはは
らったお金が全部で520円増えます。

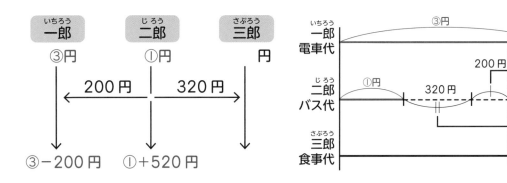

線分図を利用して解く
こともできます。

(1) ③－200＝①＋520

　　②＝720（円）

　　①＝720÷2＝360（円）… 3人分のバス代

(2) 360＋200＋320＝880（円）

※ 360×3－200＝880（円）でもOKです。

09 差集め算 (過不足算)

★★★★ 差集め算の魔法ワザ入門

1. 1人分の差×人数＝全体の差*
2. 全員に同じ数だけ配ったときのあまりや不足で考える*
3. 差集め算は線分図や表で解くことができる

＊：基本問題・練習問題の場合

例題 1

みかんを用意して何人かの子どもに 4 個ずつ配ると 6 個余り、5 個ずつ配るとちょうど全部配れます。子どもは何人いますか。

1. 線分図をかきます。

　子どもの人数を □ 人として線分図をかきます。

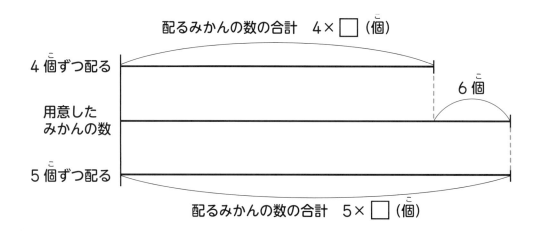

配るみかんの数の合計　4× □ （個）

4 個ずつ配る

6 個

用意した
みかんの数

5 個ずつ配る

配るみかんの数の合計　5× □ （個）

> あまりは1人分の差が人数分集まったものなので、「差集め算」といいます。

2. 「配るみかんの数の合計」の差に着目します。

$$5 × \square − 4 × \square = 6$$
$$1 × \square = 6$$

「分配のきまり」を使います

$$\square = 6 \cdots 子どもの人数$$

答え　6 人

例題2

りんごを用意して何人かの子どもに3個ずつ配ると18個余り、5個ずつ配るとちょうど全部配れます。子どもは何人いますか。

1. 表を書きます。

配り方	1人目	2人目	…	□人目	
	3個	3個	…	3個	あまり 18個
	5個	5個	…	5個	0個

2. 1人に配る個数と余り方に着目します。

5 − 3 = 2（個）… 1人に配る数の差

「18個余っていたが、1人に2個ずつ追加して配ると、ちょうどなくなった」と考えることができます。

配り方	1人目	2人目	…	□人目	
	3個	3個	…	3個	あまり 18個
	↓＋2個	↓＋2個	…	↓＋2個	←
	5個	5個	…	5個	0個

3. 「2」のことは次のように表せます。

配り方	1人目	2人目	…	□人目	
	3個	3個	…	3個	あまり 18個
	5個	5個	…	5個	0個
ちがい	2個 ＋	2個 ＋	… ＋	2個	＝ 18個

$$18 ÷ (5 − 3) = 9 （人）$$

答え　　9人

問題1 りんごを用意して何人かの子どもに配ります。1人に3個ずつ配ると10個余るので、1人に5個ずつ配るとちょうど全部配れました。子どもの人数を□人とした下の線分図の□□にあてはまる数を書き、子どもの人数を求めなさい。

配るりんごの数の合計 □ × □ （個）

3個ずつ配る

□ 個

用意した
りんごの数

5個ずつ配る

配るりんごの数の合計 □ × □ （個）

【式や考え方】

答え

問題2 バナナを用意して何人かの子どもに配ります。1人に6本ずつ配ると12本足りなくなるので、1人に4本ずつ配るとちょうど全部配れました。表の□□にあてはまる数を書き、子どもの人数を求めなさい。

	1人目	2人目	…	□人目	
配り方	□ 本	□ 本	…	□ 本	不足 □ 本
	□ 本	□ 本	…	□ 本	0 本
ちがい	□ 本 ＋	□ 本 ＋	… ＋	□ 本	＝ □ 本

【式や考え方】

答え

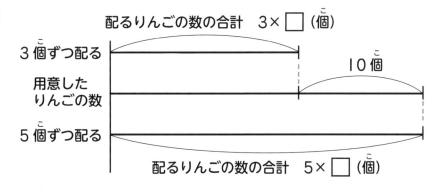

解答と解説

問題 1 線分図は解説を参照、 5 人

【解説】

$$5 \times \square - 3 \times \square = 2 \times \square = 10 \rightarrow \square = 5 （人）$$

問題 2 表は解説を参照、 6 人

【解説】

	1 人目	2 人目	…	□ 人目		
配り方	6 本	6 本	…	6 本	不足	12 本
	4 本	4 本	…	4 本		0 本
ちがい	2 本 +	2 本 +	… +	2 本	=	12 本

$6 - 4 = 2 （本） … 1 人に配るバナナの数の差$

$12 \div 2 = 6 （人）$

「12本不足」と「0本」との
ちがいは12本です。

1 たまごをかごに入れます。1かごに 10 個ずつ入れると 12 個足りなくなるので、1 かごに 8 個ずつ入れるとちょうど全部入れることができました。たまごは何個ありますか。

【式や考え方】

答え

2 プリンを用意して何人かの子どもに 2 個ずつ配ると 9 個余りますが、5 個ずつ配ろうとすると 3 個足りません。子どもの人数を □ 人とした下の線分図の □ にあてはまる数を書き、子どもの人数を求めなさい。

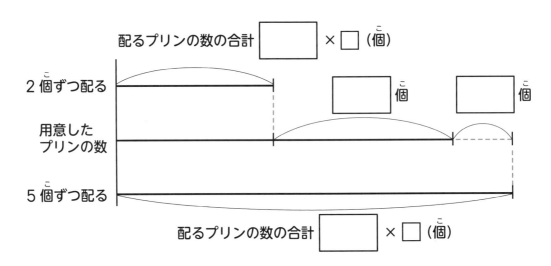

配るプリンの数の合計 □ × □（個）

2 個ずつ配る

□ 個   □ 個

用意した
プリンの数

5 個ずつ配る

配るプリンの数の合計 □ × □（個）

【式や考え方】

答え

1 48個

【解説】　かごの数を □ 個とします。

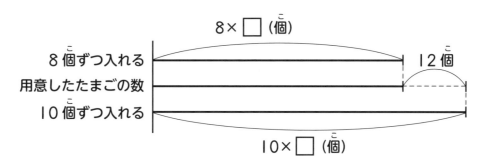

$10 × □ − 8 × □ = 2 × □ = 12$（個）$→ □ = 6$（個）… かごの数
$8 × 6 = 48$（個）　または　$10 × 6 − 12 = 48$（個）

【別解】　次のような簡単な表に整理することもできます。

入れ方		
8個		0個
10個	不足	12個
2個	ちがい	12個

$12 ÷ 2 = 6$（個）… かごの数

2 線分図は解説を参照、 4人

【解説】

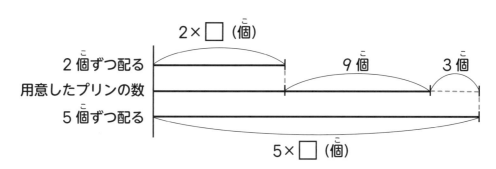

$5 × □ − 2 × □ = 9 + 3$
$3 × □ = 12 → □ = 4$（人）… 子どもの人数

※表を利用するときは次のようになります。

配り方		
2個	あまり	9個
5個	不足	3個
3個	ちがい	12個

「あまり9個」と
「不足3個」の
ちがいは12個です。

① クッキーを用意して何人かの子どもに 5 個ずつ配ると 6 個余りますが、8 個ずつ配ろうとすると 9 個足りません。用意したクッキーは何個ですか。

【式や考え方】

答え

② りんごを用意して何人かの子どもに 3 個ずつ配ろうとすると 9 個余るので、5 個ずつ配りましたが、それでも 1 個余りました。用意したりんごは何個ですか。

【式や考え方】

答え

③ なしを用意して何人かの子どもに配ります。6 個ずつ配ると 9 個足りなくなり、4 個ずつ配ると 1 個足りなくなるそうです。用意したなしは何個ですか。

【式や考え方】

答え

❶ 31 個

【解説】

子どもの人数を □ 人とします。

$8 × □ − 5 × □ = 6 + 9$（個）

$3 × □ = 6 + 9 = 15$（個）

$□ = 5$（人）

$5 × 5 + 6 = 31$（個）

または $8 × 5 − 9 = 31$（個）

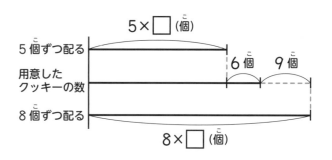

5個ずつ配る

用意した
クッキーの数

8個ずつ配る

5×□（個）　6個　9個　8×□（個）

❷ 21 個

【解説】

子どもの人数を □ 人とします。

$5 × □ − 3 × □ = 9 − 1$（個）

$2 × □ = 8$（個）

$□ = 4$（人）

$3 × 4 + 9 = 21$（個）

または $5 × 4 + 1 = 21$（個）

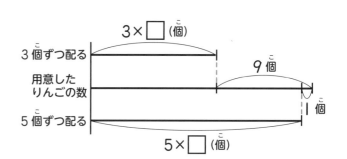

3個ずつ配る

用意した
りんごの数

5個ずつ配る

3×□（個）　9個　1個　5×□（個）

❸ 15 個

【解説】

子どもの人数を □ 人とします。

$6 × □ − 4 × □ = 9 − 1$（個）

$2 × □ = 8$（個）

$□ = 4$（人）

$6 × 4 − 9 = 15$（個）

または $4 × 4 − 1 = 15$（個）

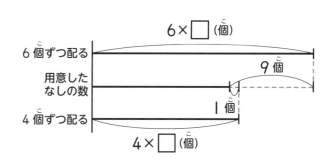

6個ずつ配る

用意した
なしの数

4個ずつ配る

6×□（個）　9個　1個　4×□（個）

❶

配り方		
5 個	あまり	6 個
8 個	不足	9 個
3 個	ちがい	15 個

❷

配り方		
3 個	あまり	9 個
5 個	あまり	1 個
2 個	ちがい	8 個

❸

配り方		
6 個	不足	9 個
4 個	不足	1 個
2 個	ちがい	8 個

上のような表に整理する
こともできます。

1 ある映画館のチケット代は 800 円です。サービスデーの今日は 600 円で売ったので、入場者が昨日より 100 人増え、売れたチケットの代金の合計も昨日より 10000 円増えました。

(1) 今日の入場者数が昨日と同じであれば、売れたチケットの代金の合計は今日のチケットの代金の合計よりも何円少なくなりますか。

【式や考え方】

答え [   ]

(2) 昨日の入場者数は何人ですか。

【式や考え方】

答え [   ]

2 おはじきを用意した袋に入れます。1 袋に 30 個ずつ入れると 14 個残ります。また、1 袋に 32 個ずつ入れると、空の袋が 1 つと 10 個のおはじきが残ります。おはじきは全部で何個ありますか。

【式や考え方】

答え [   ]

（1）60000円　　（2）250人

【解説】（1）600 × 100 = 60000（円）

（2）昨日の入場者数を □ 人とします。

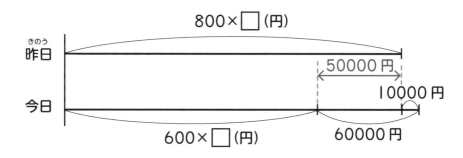

$$800 × □ - 600 × □ = 60000 - 10000（円）$$

$$200 × □ = 50000（円）$$

$$□ = 250（人）$$

 554個

【解説】32 - 10 = 22（個）

おはじきがあと 22 個多ければすべての袋に 32 個ずつ入れることができます。

配り方	1袋目	2袋目	…		□袋目	
	30個	30個	…	30個	30個	あまり 14個
	32個	32個	…	32個	0個	あまり 10個

↓

	1袋目	2袋目	…		□袋目	
配り方	30個	30個	…	30個	30個	あまり 14個
	32個	32個	…	32個	32個	不足 22個
ちがい	2個 ＋	2個 ＋	… ＋	2個 ＋	2個	ちがい 36個

もし、すべての袋に 32 個ずつ入れるとすると…、のように考えます。

$$14 + 22 = 36（個）… 合計の差$$

$$32 - 30 = 2（個）… 1 袋分の差$$

$$36 ÷ 2 = 18（袋）$$

$$30 × 18 + 14 = 554（個）$$

または　$32 × (18 - 1) + 10 = 554（個）$

10 集合算

集合算の魔法ワザ入門

1. 「登場人物」が2人→分類表・ベン図・線分図のどれでも OK
2. 範囲のある集合算→線分図が使いやすい

例題1

36人のクラスでみかんとりんごの好き嫌いを調べると、みかんが好きな人は20人、りんごが好きな人は28人、どちらも嫌いな人は5人でした。どちらも好きな人は何人ですか。

1. 分類表に表すと次のようになります。

		みかん		合計
		好き	嫌い	
り ん ご	好き	ア	イ	28
	嫌い	ウ	5	エ
	合計	20	オ	36

> どちらも好きな人は表のアにあてはまる人です。

2. 表の空欄にあてはまる数を求めて書きこみます。

		みかん		合計
		好き	嫌い	
り ん ご	好き	17	イ	28
	嫌い	3	5	8
	合計	20	オ	36

$$36 - 28 = 8 (人) \cdots エ$$
$$8 - 5 = 3 (人) \cdots ウ$$
$$20 - 3 = 17 (人) \cdots ア$$

※ オ=16、イ=11から答えを求めることもできます。

答え 17人

3. ベン図に表すと次のようになります。

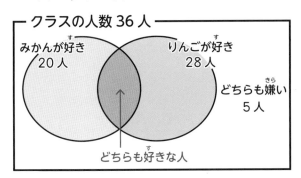

「仲間」をまるく囲った左の
ような図を「ベン図」とい
います。

4. どちらも好きな人を □ 人とします。

$$(20 - \square) + (28 - \square) + \square + 5 = 36$$

みかんだけが　　　　りんごだけが
好きな人　　　　　　好きな人

それぞれが好きな人の和から
どちらも好きな人を引くと
⬭ の人数になります。

$$20 + 28 - \square + 5 = 36$$

みかんが　りんごが　どちらも
好きな人　好きな人　好きな人

$$\square = 53 - 36 = 17 \,(人)$$

5. 線分図に表すと次のようになります。

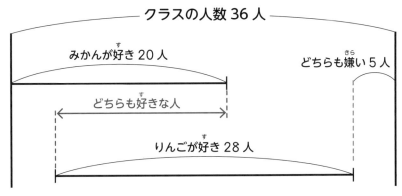

わかる人数から順に計算する方法と「4」と同じ計算方法の2通りがあります。

問題 1 花子さんのクラスで犬とねこの好き嫌いを調べると、犬が好きな人は 24 人、ねこが好きな人は 28 人、どちらも好きな人は 18 人、どちらも嫌いな人は 2 人でした。下の表を完成させ、花子さんのクラスの人数を求めなさい。

		犬		合計
		好き	嫌い	
ねこ	好き			
	嫌い			
合計				

答え

問題 2 38 人のクラスで国語と算数の好き嫌いを調べると、国語が好きな人は 25 人、算数が好きな人は 20 人、どちらも嫌いな人は 12 人でした。下のベン図を完成させ、どちらも好きな人の人数を求めなさい。

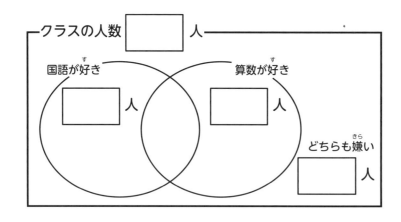

【式や考え方】

答え

問題 3 40 人に山と海の好き嫌いを聞くと、山が好きな人は 24 人、海が好きな人は 32 人でした。次の線分図を完成させ、どちらも好きな人について、最も多い場合の人数と最も少ない場合の人数を求めなさい。

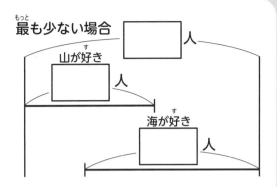

【式や考え方】

答え	最も多い場合	、最も少ない場合

解答と解説 --

問題 1 表は解説を参照、36人

【解説】

		犬		合計
		好き	嫌い	
ねこ	好き	18人		28人
	嫌い		2人	
	合計	24人		

→

		犬		合計
		好き	嫌い	
ねこ	好き	18人	10人	28人
	嫌い	6人	2人	8人
	合計	24人	12人	36人

問題 2 ベン図は解説を参照、19人

【解説】　どちらも好きな人を □ 人とします。

$$25 + 20 - □ + 12 = 38$$

$$□ = 57 - 38 = 19（人）$$

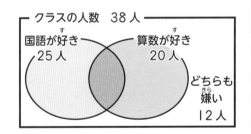

問題 3 線分図は解説を参照、最も多い場合　24人、最も少ない場合　16人

【解説】　どちらも好きな人を □ 人とします。

$$24 + 32 - □ = 40$$

$$□ = 56 - 40 = 16（人）… 最も少ない場合$$

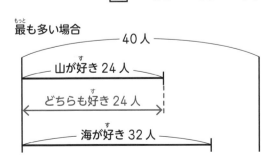

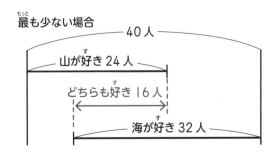

1 36人のクラスで問題が2問あるテストをしました。問題1ができた人は25人、問題2ができた人は18人、2問ともできなかった人は6人でした。問題1だけができた人は何人ですか。

【式や考え方】

答え

2 30人のクラスで問題が2問あるテストをしました。問題1ができた人は22人、問題2だけができた人は7人でした。2問ともできなかった人は何人ですか。

【式や考え方】

答え

3 40人のクラスで問題が2問あるテストをしました。問題1ができると6点、問題2ができると4点です。問題1ができた人は30人、10点の人は8人、40人全員の点数の合計は240点でした。問題2だけができた人は何人ですか。

【式や考え方】

答え

1 12人
【解説】 2問ともできた人を □ 人とします。

$25 + 18 - □ + 6 = 36$

$□ = 49 - 36 = 13$（人）

$36 - (18 + 6) = 12$（人）
も正解です。

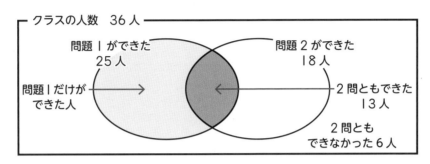

$25 - 13 = 12$（人）

2 1人
【解説】

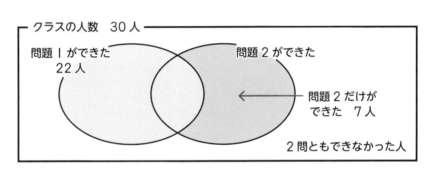

$30 - (22 + 7) = 1$（人）

3 7人
【解説】

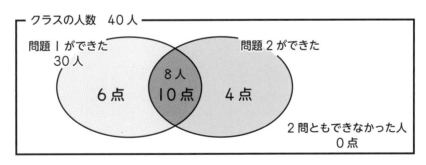

$240 - \{6 × (30 - 8) + 10 × 8\} = 28$（点）… 問題2だけが
できた人の合計点

$28 ÷ 4 = 7$（人）

【別解】 $240 - 6 × 30 = 60$（点）… 問題2ができた人の合計点

$60 ÷ 4 = 15$（人）… 問題2ができた人

$15 - 8 = 7$（人）

1 あるバスにお客さんが 28 人乗っています。そのうち、大人は 23 人、女の子は 3 人です。このバスに乗っている男の子は何人ですか。

【式や考え方】

答え

2 ある電車にお客さんが 300 人乗っています。そのうち、女性は 165 人、大人の男性は 120 人、男の子と女の子は同じ人数です。この電車に乗っている大人の女性は何人ですか。

【式や考え方】

答え

3 32 人のクラスで問題が 2 問あるテストをしました。問題 1 ができると 7 点、問題 2 ができると 3 点です。問題 1 ができた人は 21 人、2 問ともできた人は 6 人、32 人全員の点数の平均は 6 点でした。2 問ともできなかった人は何人ですか。

【式や考え方】

答え

応用問題の解答と解説

① 2人

【解説】 分類表に整理すると、次のようになります。

	大人	子ども	合計
男			
女		3人	
合計	23人		28人

→

	大人	子ども	合計
男		2人	
女		3人	
合計	23人	5人	28人

$28 - 23 = 5$（人）… 子ども

$5 - 3 = 2$（人）

男か女か、大人か子どもかで分類します。

② 150人

【解説】 分類表に整理すると、次のようになります。

	大人	子ども	合計
男	120人	①人	
女		①人	165人
合計			300人

→

	大人	子ども	合計
男	120人	15人	135人
女	150人	15人	165人
合計			300人

$300 - 165 = 135$（人）… 男性

$135 - 120 = 15$（人）… 男の子（①人）

$165 - 15 = 150$（人）

同じ人数は①人と表すことができます。

③ 2人

【解説】

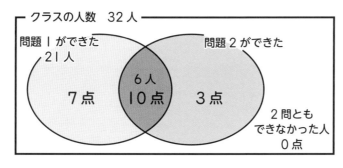

$6 \times 32 - \{7 \times (21 - 6) + 10 \times 6\} = 27$（点）

… 問題2だけができた人の合計点

$27 \div 3 = 9$（人）… 問題2だけができた人

$32 - (21 + 9) = 2$（人）

問題ができたときの点数も書きましょう。

【別解】 $6 \times 32 - 7 \times 21 = 45$（点）… 問題2ができた人の合計点

$45 \div 3 = 15$（人）… 問題2ができた人

$32 - (21 + 15 - 6) = 2$（人）

⭐**1** あるバスにお客さんが 30 人乗っています。そのうち、大人は 20 人、男性の大人の人数は男の子の 2 倍、女の子は 4 人です。

（1） このバスに乗っている男性の大人は何人ですか。
（2） このバスに乗っている女性は何人ですか。

【式や考え方】

答え （1）		（2）	

⭐**2** 36 人のクラスで問題が 3 問あるテストをしました。問題 1 ができた人は 22 人、問題 2 ができた人は 26 人、問題 3 ができた人は 13 人でした。

（1） 問題 1 と問題 2 のどちらもできた人は何人以上何人以下ですか。
（2） 問題 1 と問題 3 のどちらもできなかった人は何人以上何人以下ですか。

【式や考え方】

答え （1）		（2）	

 (1) 12人　　(2) 12人
【解説】　分類表に整理します。

120

	大人	子ども	合計
男	②人	①人	
女		4人	
合計	20人		30人

→

	大人	子ども	合計
男	12人	6人	
女		4人	
合計	20人	10人	30人

30 − 20 = 10（人）… 子ども

10 − 4 = 6（人）… 男の子（①人）

6 × 2 = 12（人）

(2) 12 + 6 = 18（人）… 男性

30 − 18 = 12（人）

 (1) 12人以上22人以下　　(2) 1人以上14人以下
【解説】　分類表に整理します。

最も少ない場合
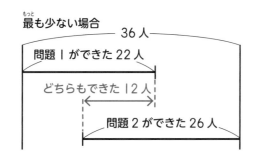

最も多い場合
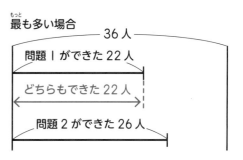

どちらもできた人を □ 人とします。

22 + 26 − □ = 36

□ = 48 − 36 = 12（人）… 最も少ない場合

(2) 36 − 22 = 14（人）… 問題1ができなかった人

36 − 13 = 23（人）… 問題3ができなかった人

最も少ない場合
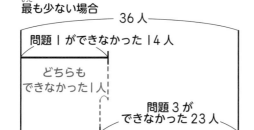

最も多い場合
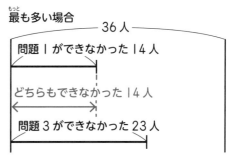

どちらもできなかった人を □ 人とします。

14 + 23 − □ = 36

□ = 37 − 36 = 1（人）… 最も少ない場合

お菓子のめいろ

チャプター2

10の図形問題

11 角の大きさ①
（平行線と角・外角定理）

★★★★ 角の大きさ①の魔法ワザ入門

1. 一直線（半回転）は180度　1回転は360度
2. 向かい合う角（対頂角）は等しい
3. 平行線の同位角、錯角はそれぞれ等しい
4. 三角形の3つの内角の和は180度

難しい言葉ですが
覚えておくと便利です。

例題 1

角㋐は何度ですか。

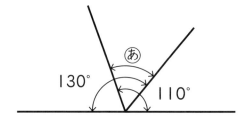

1. 一直線（半回転）の角は180度です。

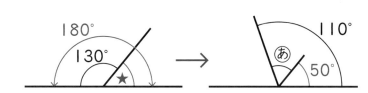

$$180 - 130 = 50（度）$$
…★
$$110 - 50 = 60（度）$$

答え　**60**度

2. 「もし、重なりがなければ…」と考えます。

　もし、130度の角と110度の角が重なっていなければ、2つの角の和は240度ですが、実際には㋐（重なり）の分だけ小さい180度になっています。

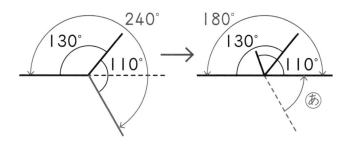

$$130 + 110 - ㋐ = 180（度）$$
$$240 - ㋐ = 180（度）$$
$$㋐ = 240 - 180 = 60（度）$$

答え　**60**度

例題2

次の（1）、（2）の角あはそれぞれ何度ですか。

（1）

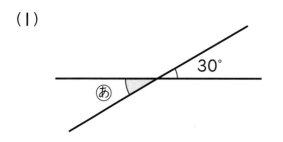

（2）

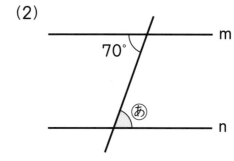

直線mと直線nは平行

（1）2本の直線が交わるとき、向かい合う角（対頂角）の大きさは同じです。

あと★の和も30度と★の和も一直線になるので180度で等しいです。

あ＋★＝30＋★ → あ＝30（度）

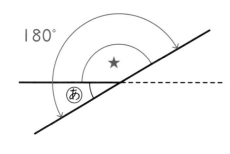

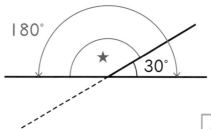

答え **30**度

（2）2つの直線が平行なとき、同位角の関係にある2つの角は等しいです。

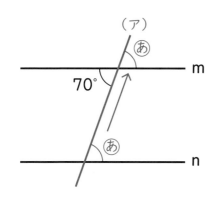

角あを直線（ア）にそってずらします。対頂角は等しいので、あ＝70度です。

答え **70**度

あといの関係を同位角、いとうの関係を錯角といいます。
2つの直線が平行なとき、同位角や錯角は等しいです。

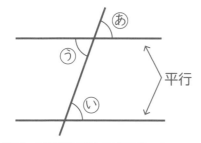

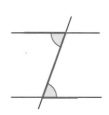

錯角は「Z角」と名づけると覚えやすいですね。

問題 1 次の（1）〜（4）の角あはそれぞれ何度ですか。

（1）

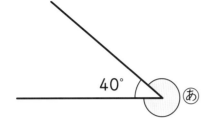

【式や考え方】

答え

（2）

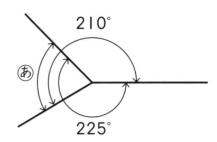

【式や考え方】

答え

（3）

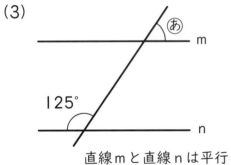

直線mと直線nは平行

【式や考え方】

答え

（4）

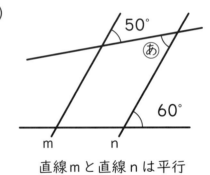

直線mと直線nは平行

【式や考え方】

答え

問題 2 mは三角形の頂点Aを通り、辺BCに平行な直線です。角あは何度ですか。

【式や考え方】

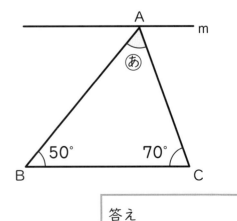

答え

解答と解説

問題1 (1) 320度 (2) 75度 (3) 55度 (4) 50度

【解説】 (1) 1回転の角は360度です。

$$360 - 40 = 320（度）$$

(2) $210 + 225 - ⓐ = 360$（度）

$ⓐ = 435 - 360 = 75$（度）

(3) 125度の角と角ⓘは錯角の関係なので等しいです。

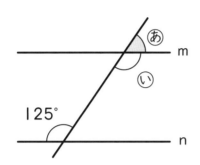

$$180 - 125 = 55（度）$$

(4) 直線mと直線nが平行なので、角ⓐは50度です。

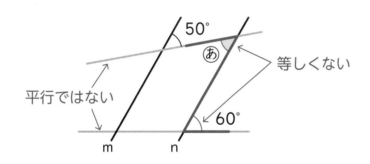

平行ではない
等しくない

2直線が平行でないとき、錯角の関係にある2つの角は、同じではありません。

問題2 60度

【解説】 直線mと辺BCが平行なので、

ⓘ= 50度、ⓤ= 70度です。

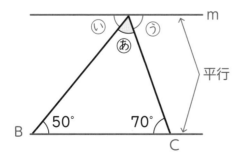

平行

$$180 - （50 + 70）= 60（度）$$

三角形の3つの内角の和は180度です。

内角

1 直線アと直線イ、直線ウと直線エはそれぞれ
平行です。角あ、角い、角うはそれぞれ何度
ですか。

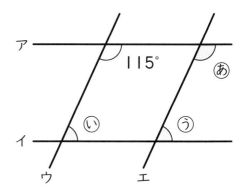

【式や考え方】

答え	あ　　　　　、い　　　　　、う

2 次の（1）、（2）の角あは何度ですか。

（1）
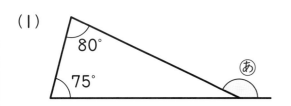

（2）

【式や考え方】　　　　　　　　　　　【式や考え方】

答え　　　　　　　　　　　　　　答え

3 角あは何度ですか。

【式や考え方】

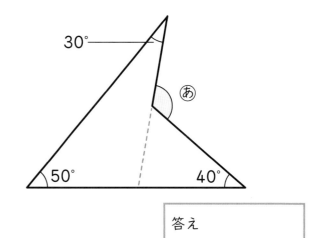

答え

✏️ 練習問題の解答と解説 - 🍀

1 あ 115度、 い 65度、 う 65度

【解説】

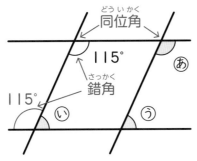

あは115度の角と同位角の関係にあるので、角の大きさは同じです。

180 − 115 = 65（度）…い、う

2 （1） 155度 （2） 35度

【解説】（1） あ＋★ = 80 + 75 +★ = 180（度）

あ = 80 + 75 = 155（度）

（2） あ＋ 25 +★ = 60 +★ = 180（度）

あ＋ 25 = 60（度）

あ = 60 − 25 = 35（度）

（1）のあや（2）の60度の角を外角といいます。

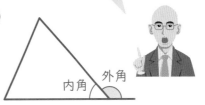

（1）の図　　　　　　　（2）の図

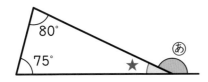
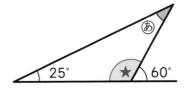

3 120度

【解説】 三角形の外角のきまりを利用します。

い = 30 + 50 = 80（度）

あは赤色の三角形の外角です。

80 + 40 = 120（度）

三角形の外角はとなり合わない2つの内角の和に等しいです。

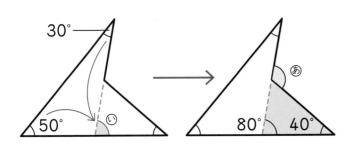

「三角形の外角のきまり」

外角 ＋ ◎ = ★ + ☆ + ◎ = 180（度）

外角 = ★ + ☆

1 直線アと直線イと直線ウはそれぞれ平行です。角あ、角いはそれぞれ何度ですか。

【式や考え方】

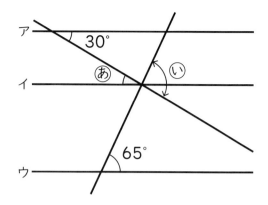

答え	あ 　　　　　、い

2 直線アと直線イは平行です。角あは何度ですか。

【式や考え方】

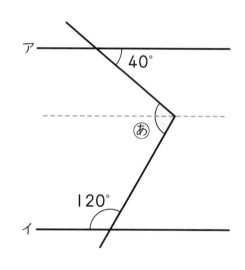

答え	

3 角あは何度ですか。

【式や考え方】

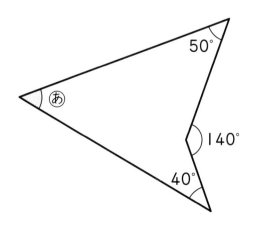

答え	

① ㊐ 30度、㋑ 95度

【解説】

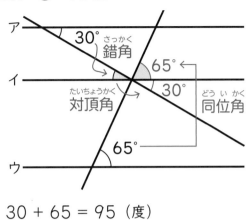

㋑を2つの角に分けて考えることがポイントです。

30 ＋ 65 ＝ 95（度）

② 100度

【解説】 ヒントの点線（直線ア、イと平行な直線ウ）を利用します。

180 － 120 ＝ 60（度）

40 ＋ 60 ＝ 100（度）

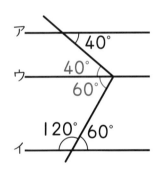

【別解】の図

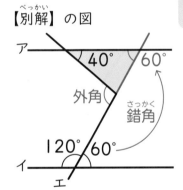

直線エをのばして解くこともできます（別解）。

③ 50度

【解説】 ㊐＋40＝㋑なので、㋑＋50＝㊐＋40＋50＝140（度）

㊐＝140－90＝50（度）

【別解】 ★＝☆－50、■＝□－40なので、★＋■＝☆＋□－90＝50（度）
　　　　　　　　　　　　　　　　　　　　　　　　　　140°

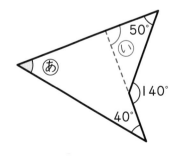

【別解】の図

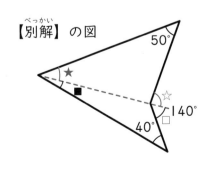

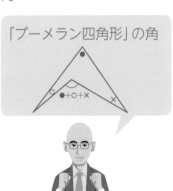

「ブーメラン四角形」の角

1 直線アと直線イは平行です。
角あは何度ですか。

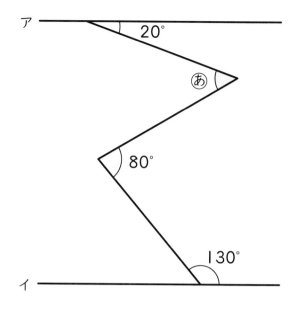

【式や考え方】

答え

2 右の図のように、円周上の 3 つの点と
円の中心を結んだ四角形があります。●
は円の中心です。角あは何度ですか。

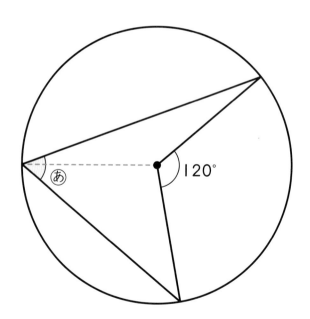

【式や考え方】

答え

⭐ 50度

【解説】 直線ア、イと平行な直線ウ、エを引きます。

180 − 130 = 50 (度)

★ = 80 − 50 = 30 (度)

☆ = 30 (度)

20 + 30 = 50 (度)

補助線を引いて
錯角を利用します。

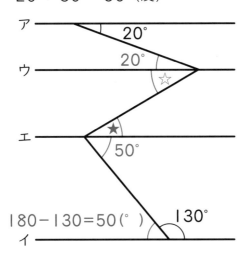

⭐ 60度

【解説】 「ブーメラン四角形」を2つの三角形に分けます。

赤色の辺は円の半径で同じ長さですから、2つの三角形は二等辺三角形です。

2つの二等辺三角形の外角に着目します。

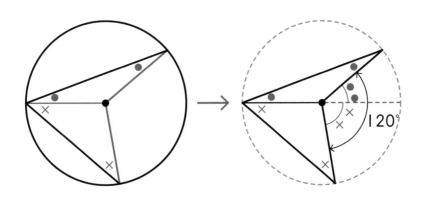

●+●+×+× = 120 (度)

角あ = ●+× なので、●+●+×+× の半分の大きさです。

120 ÷ 2 = 60 (度)

12 角の大きさ②
（多角形の角）

角の大きさ②の魔法ワザ入門

1. □角形の内角の和＝180度×（□－2）
2. □角形の外角の和＝360度
3. ○や×の角は、和や差にも着目します。

例題1

五角形の5つの内角の和は何度ですか

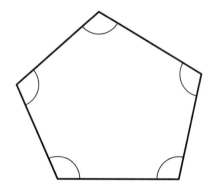

1. 1つの頂点から直線を引いて、五角形を3つの三角形に分けます。

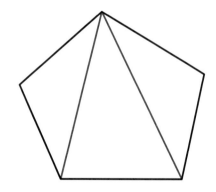

2. 1つの三角形の内角の和は180度です。

$$180 × 3 = 540 （度）$$

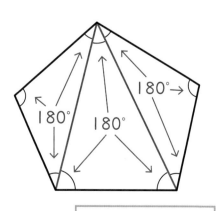

答え　540度

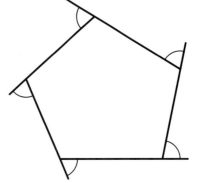

例題2

印をつけた5つの角の和は何度ですか。

1. 1つの内角と、その角ととなり合う1つの外角の和は180度です。

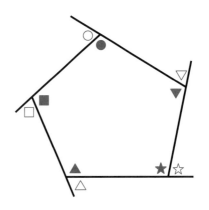

$$\left.\begin{array}{l} ● + ○ = 180度 \\ ■ + □ = 180度 \\ ▲ + △ = 180度 \\ ★ + ☆ = 180度 \\ ▼ + ▽ = 180度 \end{array}\right\} \cdots \quad ア$$

2. 五角形の内角の和は540度です。

　　● + ■ + ▲ + ★ + ▼ = 540度　…　イ

3. アとイの差を求めます。

$$\begin{array}{r} ● + ■ + ▲ + ★ + ▼ + ○ + □ + △ + ☆ + ▽ = 900度 \\ ● + ■ + ▲ + ★ + ▼ \qquad\qquad\qquad\qquad = 540度 \\ \hline ○ + □ + △ + ☆ + ▽ = 360度 \quad \cdots \quad 外角の和 \end{array}$$

答え　360度

□角形の内角の和は180度×（□−2）、□角形の外角の和は常に360度です。

問題 1 （1）、（2）の印をつけた角の和はそれぞれ何度ですか。

（1）

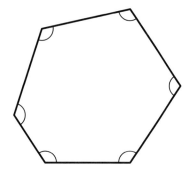

【式や考え方】

.

答え

（2）

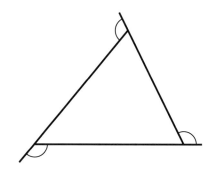

【式や考え方】

答え

問題 2 （1）、（2）の角㋐はそれぞれ何度ですか。

（1）

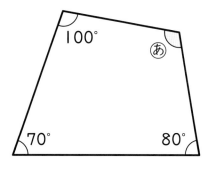

【式や考え方】

答え

（2）

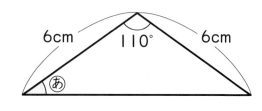

【式や考え方】

答え

問題 1 （1）　720 度　　（2）　360 度

【解説】（1）六角形は 4 つの三角形に分けられます。

$$180 \times 4 = 720（度）$$

（2）●＋■＋▲＋○＋□＋△ ＝ 180 度 × 3 ＝ 540 度

$$\underline{●＋■＋▲ \qquad\qquad ＝ 180 度}$$

$$○＋□＋△ ＝ 360 度$$

（1）の図

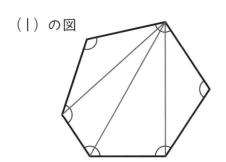

（2）の図

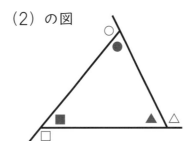

> 何角形でも外角の和は
> 360 度です。

問題 2 （1）　110 度　　（2）　35 度

【解説】（1）四角形の内角の和は 360 度です。

$$360 － (100 ＋ 70 ＋ 80) ＝ 110（度）$$

（2）二等辺三角形は 2 つの底角の大きさが等しい三角形です。

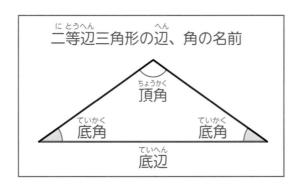

二等辺三角形の辺、角の名前

$$(180 － 110) \div 2 ＝ 35（度）$$

1 同じ印をつけた角の大きさは同じです。

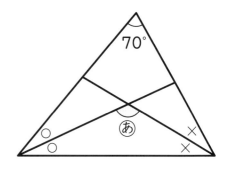

（1） ○2つと×2つを合わせると何度ですか。

【式や考え方】

答え

（2） 角⑧は何度ですか。

【式や考え方】

答え

2 次の問いに答えなさい。

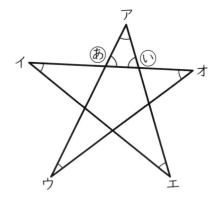

（1） 角⑧、角⑩の角度は、それぞれどの2つの角の和
に等しいですか。ア～オから選んで答えなさい。

【式や考え方】

答え ⑧　　　と　　、⑩　　　と

（2） ア＋イ＋ウ＋エ＋オは何度ですか。

【式や考え方】

答え

1 (1) 110度　　(2) 125度

【解説】　(1) 三角形の3つの内角の和は180度です。

$$180 - 70 = 110 （度）$$

(2) ○○ + ×× は ○ + × の2倍です。

$$110 ÷ 2 = 55 （度） … ○ + ×$$

$$180 - 55 = 125 （度）$$

(1) の図　　　　　　(2) の図

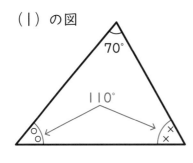

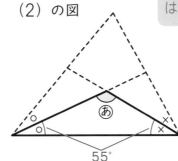

○や×のそれぞれの大きさはわかりませんが、和（○+×）は求めることができます。

2 (1) ⓐ ウとオ、 ⓘ イとエ　　(2) 180度

【解説】　(1) 三角形の外角のきまりを利用します。

赤色三角形の外角

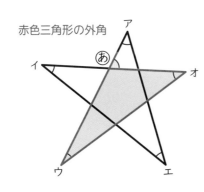

赤色三角形の外角

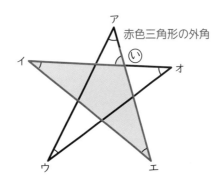

(2) ア + イ + ウ + エ + オ = ア + ⓐ + ⓘ

三角形の3つの内角の和（ア + ⓐ + ⓘ）は180度なので、

ア + イ + ウ + エ + オ も180度です。

❶ 1辺の長さが10㎝の正方形と正三角形をくっつけた図形を作りました。角あは何度ですか。

【式や考え方】

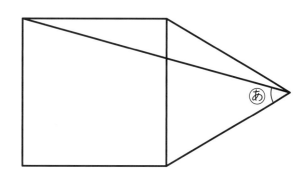

答え

❷ (1)、(2)の印をつけた角の和はそれぞれ何度ですか。

(1)

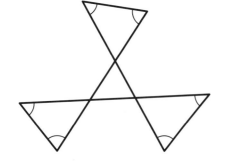

【式や考え方】

(2)

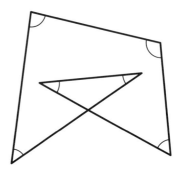

【式や考え方】

答え

答え

応用問題の解答と解説

❶ 45度

【解説】

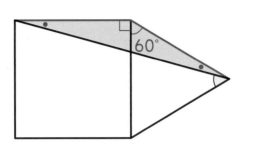

正方形の1つの内角の大きさは90度、正三角形の1つの内角の大きさは60度です。

赤色の2辺（へん）の長さはどちらも10cmなので、赤色の三角形は二等辺三角形（にとうへん）です。

{180 − （90 + 60）} ÷ 2 = 15（度）…●

60 − 15 = 45（度）

❷ （1） 360度　　（2） 360度

【解説】（1）三角形の3つの内角の和は180度です。

180 × 3 = 540（度）…印をつけた6つの角と●、▲、■の和

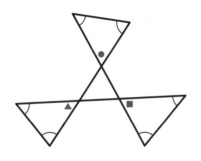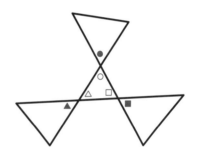

●＝○、▲＝△、■＝□です。

また、○＋△＋□は180度なので、●＋▲＋■も180度です。

540 − 180 = 360（度）
　　　　●＋▲＋■

（2）補助線（ほじょせん）（—）を引きます。

●＋■＋☆ と ○＋□＋☆ はどちらも180度なので、●＋■＝○＋□です。

四角形の内角の和は360度なので、印をつけた6つの角の和も360度です。

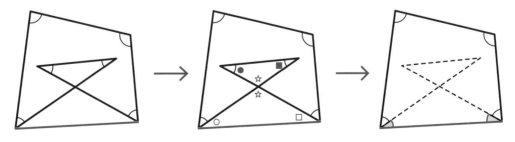

1 1辺の長さが10cmの正方形1つと正三角形2つをくっつけた図形を作りました。
角あは何度ですか。

【式や考え方】

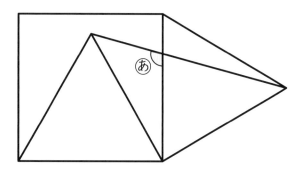

答え

2 四角形ABCDは正方形です。角あは何度ですか。

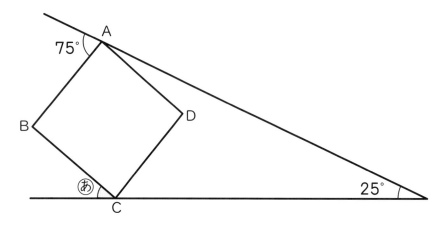

【式や考え方】

答え

⭐1 105度

【解説】赤色の辺の長さは 10cm なので、赤色の三角形は二等辺三角形です。

正三角形の 1 つの内角は 60 度、正方形の 1 つの内角は 90 度なので、

●= 90 − 60 = 30 （度）です。

30 + 60 = 90 （度）なので、赤色の三角形は直角二等辺三角形です。

直角二等辺三角形の底角は 45 度、あはかげをつけた三角形の外角ですから、

あ= 60 + 45 = 105 （度）です。

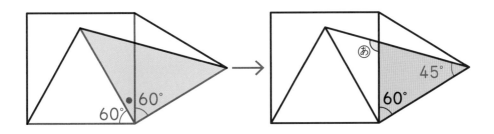

⭐2 40度

【解説】正方形の 1 つの内角は 90 度ですから、「ブーメラン四角形」に着目すると、

○+●+ 25 = 90 （度）です。

○+●= 90 − 25 = 65 （度）

一直線（半回転）は 180 度です。

あ+ 90 +○+●+ 90 + 75 = 180 × 2 = 360 （度）
　　　　　65°

あ= 360 −（90 + 65 + 90 + 75）= 40 （度）

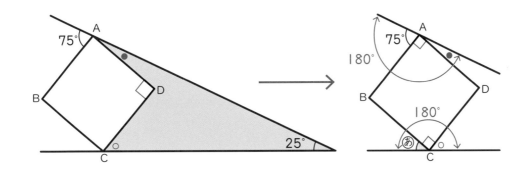

●=15 度なので
○=65 − 15=50（度）
を求めても OK です。

13 図形の周りの長さ

図形の周りの長さの魔法ワザ入門

1. 凹みはふくらませる
2. 円の周り（円周）の長さ＝直径×円周率

例題 1

次の図で、図形の周りの長さ（太線部分）は何 cm ですか。

(1)

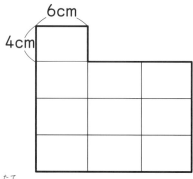

6cm
4cm

縦 4cm、横 6cm の長方形を
10 個並べた図形

(2)

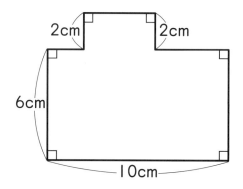

2cm　2cm
6cm
10cm

(1) 凹みを「ふくらませ」ます。

$$4 \times 4 = 16 \,(cm)$$
$$6 \times 3 = 18 \,(cm)$$
$$(16 + 18) \times 2 = 68 \,(cm)$$

答え　**68cm**

6cm×3
4cm×4

(2) 長方形の周りの長さ＝（縦＋横）×2

$$2 + 6 = 8 \,(cm)$$
$$(8 + 10) \times 2 = 36 \,(cm)$$

答え　**36cm**

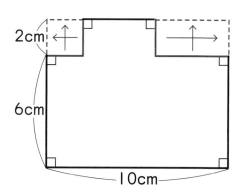

2cm
6cm
10cm

例題 2

次の図で、図形の周りの長さ（太線部分）は何 cm ですか。（円周率は 3.14）

(1)

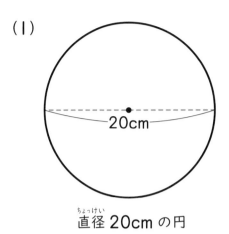

直径 20cm の円

(2)

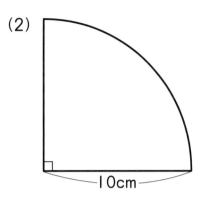

半径 10cm の円を 4 等分した図形

(1) 円の周り（円周）の長さ＝直径×円周率

$$20 × 3.14 = 62.8 \,(cm)$$

答え **62.8cm**

> 「円周率」は、円周が直径の
> 何倍にあたるかを表す数です。

(2) $\underline{10 × 2 × 3.14} ÷ 4 = 15.7$ (cm) …あの長さ

　　直径 20cm の円周

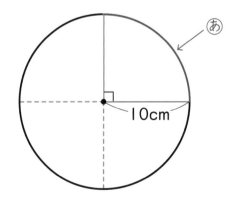

> (2) のような図形（円の一部）
> を「おうぎ形」といいます。

$$\underset{あ}{\underline{15.7}} + \underset{直線部分（半径 2 つ分）}{\underline{10 × 2}} = 35.7 \,(cm)$$

答え **35.7cm**

問題 1 次の図で、図形の周りの長さ（太線部分）は何 cm ですか。

(1)

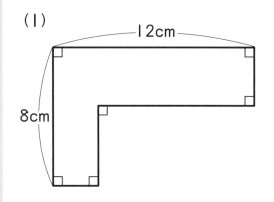

【式や考え方】

答え

(2)

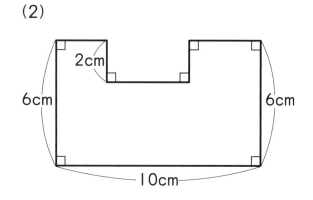

【式や考え方】

答え

問題 2 次の図で、図形の周りの長さ（太線部分）は何 cm ですか。（円周率は 3.14）

(1)

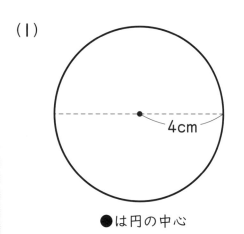

●は円の中心

【式や考え方】

答え

(2)

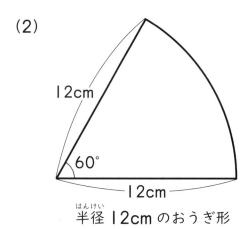

半径 12cm のおうぎ形

【式や考え方】

答え

解答と解説 ━━━━━━━━━━━━━━━━━━━━━━━━━━━━━━━━

問題 1 (1)　40cm　　(2)　36cm

【解説】　(1)　$(8 + 12) \times 2 = 40$（cm）

(2)　6cm、10cm、2cm の直線がそれぞれ 2 つ分あります。

$(6 + 10 + 2) \times 2 = 36$（cm）

(1)の図

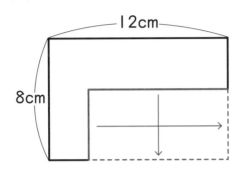

(2)の図

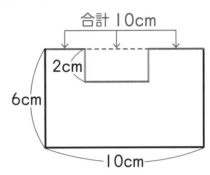

問題 2 (1)　25.12cm　　(2)　36.56cm

【解説】　(1)　$4 \times 2 \times 3.14 = 25.12$（cm）

(2)　$360 \div 60 = 6$（等分）

(2)のおうぎ形は、半径 12cm の円を 6 等分した 1 つ分です。

$12 \times 2 \times 3.14 \div 6 = 12.56$（cm）…⑧

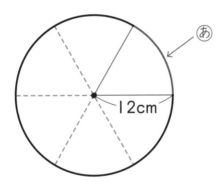

直線部分（半径 2 つ分）をたし忘れないようにしましょう。

$12.56 + 12 \times 2 = 36.56$（cm）

1 次の図で、図形の周りの長さ（太線部分）は何 cm ですか。

(1)

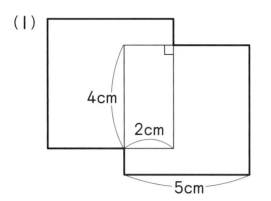

4cm
2cm
5cm

1辺が 5cm の正方形を 2 つ重ねた図形

【式や考え方】

答え

(2)

6cm
3cm

1辺が 6cm の正三角形を 2 つ重ねた図形

【式や考え方】

答え

2 次の図で、斜線の図形の周りの長さは何 cm ですか。（円周率は 3.14）

(1)

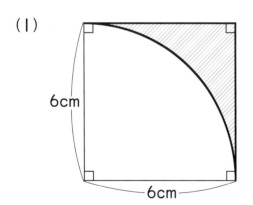

6cm
6cm

【式や考え方】

答え

(2)

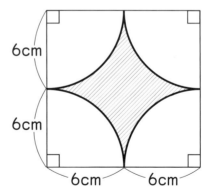

6cm
6cm
6cm
6cm

【式や考え方】

答え

✎ 練習問題の解答と解説

1　(1)　28cm　　(2)　27cm

【解説】　(1) 5 − 2 = 3（cm）

5 − 4 = 1（cm）

{(5 + 3) + (5 + 1)} × 2 = 28（cm）

(2) 6 + 3 = 9（cm）

9 × 3 = 27（cm）

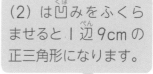

(2) は凹みをふくら
ませると1辺9cmの
正三角形になります。

(1) の図

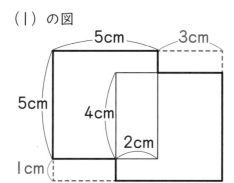

(2) の図

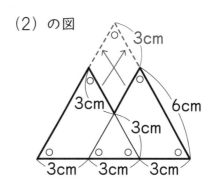

○の角の大きさはどれも 60 度

【別解】　重なっている部分の周りの長さを引きます。

(1)

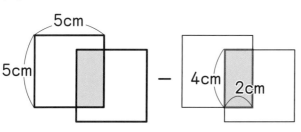

5 × 4 × 2 − (4 + 2) × 2 = 28（cm）

(2)

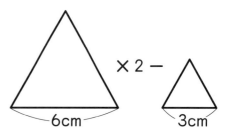

6 × 3 × 2 − 3 × 3 = 27（cm）

2　(1)　21.42cm　　(2)　37.68cm

【解説】　(1) 360 ÷ 90 = 4（等分）

6 × 2 × 3.14 ÷ 4 = 9.42（cm）

9.42 + 6 × 2 = 21.42（cm）

(2) 6 × 2 × 3.14 = 37.68（cm）

4 つのおうぎ形は向き
を変えて合わせると
1 つの円になります。

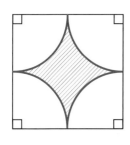

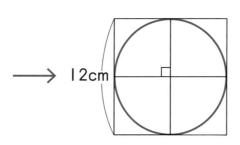

12cm

① 次の図の円周の長さは何 cm ですか。●は円の中心です。(円周率は 3.14)

(1)

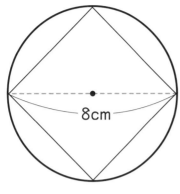

円と正方形を重ねた図形

【式や考え方】

答え

(2)

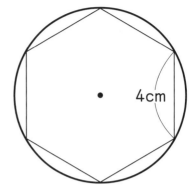

円と正六角形を重ねた図形

【式や考え方】

答え

② 次の図で、斜線部分の周りの長さは何 cm ですか。(円周率は 3.14)

(1)

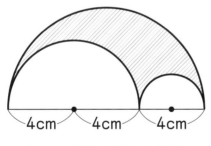

3つの半円を重ねた図形

【式や考え方】

答え

(2)

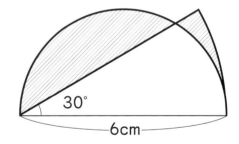

半円とおうぎ形を重ねた図形

【式や考え方】

答え

❶ （1） 25.12cm　　（2） 25.12cm

【解説】（1）正方形の対角線と円の直径の長さは同じです。

$$8 × 3.14 = 25.12 （cm）$$

（2）正六角形は、6つの同じ正三角形に分けられます。

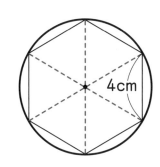

4cm

$$4 × 2 × 3.14 = 25.12 （cm）$$

> 正三角形の1辺と円の半径は同じ長さです。

❷ （1） 37.68cm　　（2） 18.56cm

【解説】（1）半円の直径は大きい方から順に 12cm、8cm、4cm です。

$$12 × 3.14 ÷ 2 + 8 × 3.14 ÷ 2 + 4 × 3.14 ÷ 2$$
$$= （12 + 8 + 4） × 3.14 ÷ 2$$
$$= 24 × 3.14 ÷ 2$$
$$= 37.68 （cm）$$

> 分配のきまりを使うことができます。

（2）半円とおうぎ形の曲線部分、長さ 6cm の
直線の合計の長さです。

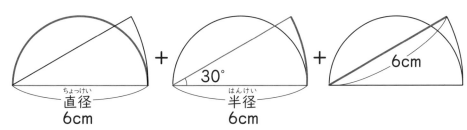

直径
6cm

30°

半径
6cm

6cm

$$360 ÷ 30 = 12 （等分）$$
$$6 × 3.14 ÷ 2 + 6 × 2 × 3.14 ÷ 12 + 6$$
$$= 3 × 3.14 + 1 × 3.14 + 6$$
$$= 4 × 3.14 + 6$$
$$= 18.56 （cm）$$

発展問題

1 右の図のように3つの1円玉をくっつけ、それに輪ゴム（太線部分）をかけました。1円玉の直径は2cm、●は1円玉の中心です。（円周率は3.14）

（1） 3つの角あ、い、うの大きさの和は何度ですか。

【式や考え方】

答え [　　　　　]

（2） 太線部分の長さは何cmですか。

【式や考え方】

答え [　　　　　]

2 右の図のように、半径12cmの円を2つかきました。●は円の中心です。太線部分の長さは何cmですか。（円周率は3.14）

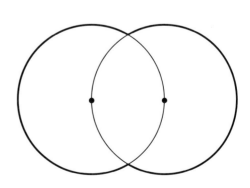

【式や考え方】

答え [　　　　　]

⭐1 （１）　360度　　（２）　12.28cm

【解説】　（１）１つの内角の大きさは、長方形が90度、正三角形が60度です。

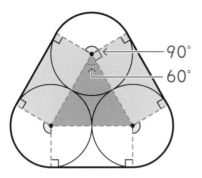

「３つのおうぎ形を合体させると１つの円になる」と考えることもできます。

360 － （90 × 2 ＋ 60） ＝ 120 （度）

120 × 3 ＝ 360 （度）

（2）長方形の長い辺は、円の半径2つ分（直径1つ分）の長さです。

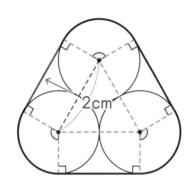

2 × 3 ＋ 2 × 3.14 ＝ 12.28 （cm）

⭐2　100.48cm

【解説】　円の補助線は、円の中心と中心を結ぶ直線、円の中心と円周上の点を結ぶ直線です。

赤色の直線はすべて円の半径の長さと同じなので、赤色の三角形は正三角形です。

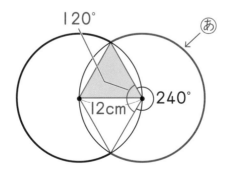

240度は120度の2倍です。

360 ÷ （60 × 2） ＝ 3 （等分）

12 × 2 × 3.14 ÷ 3 × 2 ＝ 50.24 （cm） … あの長さ

50.24 × 2 ＝ 100.48 （cm）

14 直線図形の面積 ①
（面積公式・等積変形）

直線図形の面積 ① の魔法ワザ入門

1. 1辺の長さが 1cm の正方形の面積は 1cm²
2. 図形を移動させても面積は変わらない（等積移動）
3. 等積変形は平行な 2 直線を利用する

例題 1

次の長方形や平行四辺形の面積は何 cm² ですか。

（1）

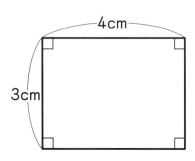

（2）

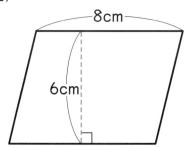

（1）長方形の面積＝縦×横

　　1辺の長さが 1cm の正方形 12 個分です。

　　「1cm² × 12 個」と計算する代わりに、

$$3 × 4 = 12 \ (cm²)$$

　　のように「縦の長さ×横の長さ」で求めます。

答え　　12cm²

（2）三角形を移動させると、長方形になります

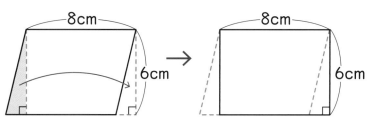

　　長方形の面積の公式が利用できます。

$$6 × 8 = 48 \ (cm²)$$
縦（高さ）　横（底辺）

移動しても
面積は変わりません。

答え　　48cm²

例題2

次の三角形や台形の面積は何 cm² ですか。

（1）

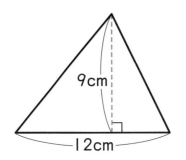

9cm
12cm

（2）

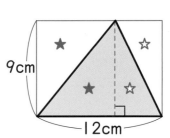

4cm
5cm
8cm

（1）三角形の面積＝底辺×高さ÷2

三角形を長方形で囲みます。

三角形（★＋☆）の面積は長方形（★★＋☆☆）の半分です。

$$12 \times 9 \div 2 = 54 \ (cm^2)$$

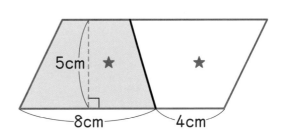

★　　☆
9cm
★　　☆
12cm

答え　**54cm²**

（2）台形の面積＝（上底＋下底）×高さ÷2

形と大きさが同じ台形を逆さにしてくっつけると平行四辺形になります。

台形の面積は平行四辺形の半分です。

$$4 + 8 = 12 \ (cm) \cdots 平行四辺形の底辺$$
$$= 上底 + 下底$$

$$12 \times 5 \div 2 = 30 \ (cm^2)$$

5cm　★　　　★
8cm　　　4cm

答え　**30cm²**

【面積公式】

正方形

1辺　対角線
1辺×1辺
対角線×対角線÷2

長方形
縦
横
縦×横

平行四辺形
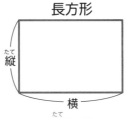
高さ
底辺
底辺×高さ

ひし形

対角線
対角線×対角線÷2

台形
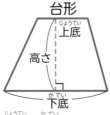
上底
高さ
下底
（上底＋下底）×高さ÷2

三角形

高さ
底辺
底辺×高さ÷2

となり合わない2つの頂点を結ぶ直線を対角線といいます。

問題 1 次の図形の面積は何 cm² ですか。

(1)

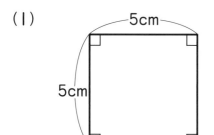

【式や考え方】

答え

(2)

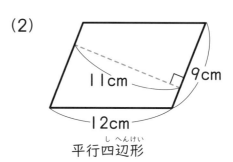

平行四辺形

【式や考え方】

答え

(3)

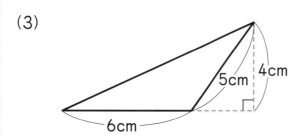

【式や考え方】

答え

(4)

台形

【式や考え方】

答え

問題 2 次の図で、斜線部分の図形の面積は何 cm² ですか。

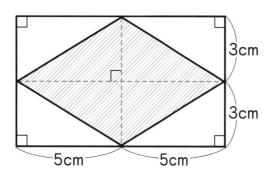

【式や考え方】

答え

✏️**解答と解説** --

問題1 （1） 25cm^2 （2） 99cm^2 （3） 12cm^2 （4） 64cm^2

【解説】 （1） 正方形の面積＝1辺×1辺

$$5 \times 5 = 25 \text{（cm}^2\text{）}$$

（2） 平行四辺形の面積＝底辺×高さ

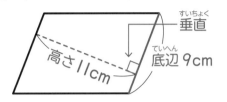

底辺と高さの位置関係は垂直です。

$$9 \times 11 = 99 \text{（cm}^2\text{）}$$

（3） 三角形の面積＝底辺×高さ÷2

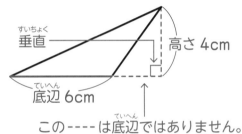

この----は底辺ではありません。

底辺と高さははなれていますが垂直になっています。

$$6 \times 4 \div 2 = 12 \text{（cm}^2\text{）}$$

（4） 台形の面積＝（上底＋下底）×高さ÷2

$$(4 + 12) \times 8 \div 2 = 64 \text{（cm}^2\text{）}$$

問題2 30cm^2

【解説】 $5 + 5 = 10$（cm）

$3 + 3 = 6$（cm）

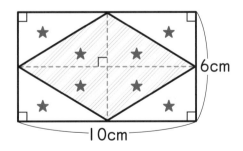

斜線の図形の面積（★4個分）は長方形（★8個分）の半分です。

$$10 \times 6 \div 2 = 30 \text{（cm}^2\text{）}$$

※ 斜線の図形は対角線の長さが10cmと6cmのひし形です。

1 次の図形の面積は何 cm² ですか。

(1)

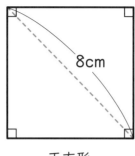

正方形

【式や考え方】

(2)

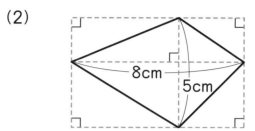

【式や考え方】

答え

答え

2 次の問いに答えなさい。同じ印（★、☆）の長さは同じです。

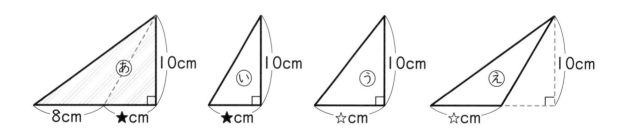

（1） 三角形あと三角形いの面積の差は何 cm² ですか。

【式や考え方】

答え

（2） 三角形うと三角形えの面積はどちらが大きいですか。または、同じですか。

【式や考え方】

答え

1 （1） 32cm² （2） 20cm²

【解説】 （1） 点線で囲んだ正方形の面積は★8個分、求める正方形の面積は★4個分で、点線の正方形の半分です。

$8 × 8 ÷ 2 = 32$ （cm²）

※ 面積が8cm²の直角二等辺三角形4つ分として求めてもOKです。

（2） 点線の長方形の面積は★、☆、■、□が2個ずつ、求める四角形の面積は★、☆、■、□が1個ずつで、長方形の半分です。

$5 × 8 ÷ 2 = 20$ （cm²）

（1）の図

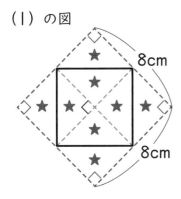

（2）の図

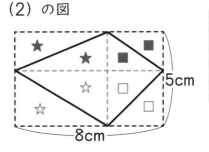

問題 **2** のひし形のときと同じように考えますから、対角線×対角線÷2で計算できます。

2 （1） 40cm² （2） 同じ

【解説】 （1） ■の面積とⒾの面積は同じです。

（1）の図

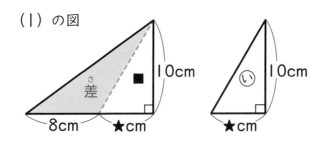

$8 × 10 ÷ 2 = 40$ （cm²）

（2） どちらの三角形も底辺が☆cm、高さが10cmで同じですから、面積も同じです。

※ ⓊはⒺのように形を変えても面積は変わりません。（等積変形）

（2）の図

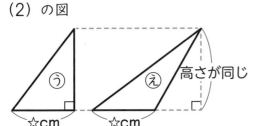

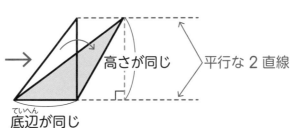

面積を変えずに形を変えることを「等積変形」といいます。

1 次の図の斜線部分の面積は何 cm² ですか。

(1)

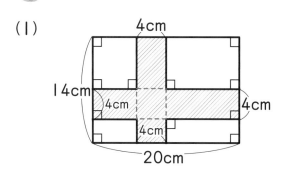

【式や考え方】

答え _____

(2)

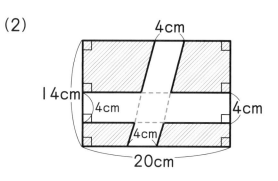

【式や考え方】

答え _____

2 次の図の斜線部分の面積は何 cm² ですか。

(1)

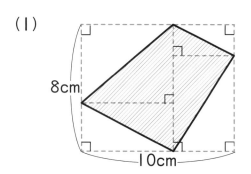

【式や考え方】

答え _____

(2)

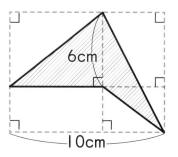

【式や考え方】

答え _____

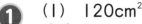
① (1)　120cm²　　(2)　160cm²

【解説】　(1)「重なりは引く」

$$4 \times 20 + 14 \times 4 - \underline{4 \times 4} = 120 \text{（cm}^2）$$
重なり

【別解】…「等積移動」

$$\underline{14 \times 20} - \underline{(14 - 4) \times (20 - 4)} = 120 \text{（cm}^2）$$
全体（長方形）　　　白い部分

「道ははしに寄せる」という考え方です。

(1) の図

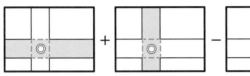

【別解】の図

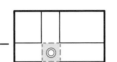
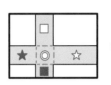
=
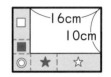

(2) 十字の部分を全体から引きます。

$$14 \times 20 - (4 \times 14 + 4 \times 20 - 4 \times 4)$$
$$= 160 \text{（cm}^2）$$

平行四辺形を長方形に変形します。

【別解】…「等積移動」をすると、長方形が残ります。

$$(14 - 4) \times (20 - 4) = 160 \text{（cm}^2）$$

(2) $4 \times 14 + 4 \times 20 - 4 \times 4$ の図

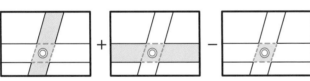

【別解】等積変形の図

=
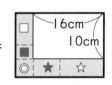

② (1)　40cm²　　(2)　30cm²

【解説】　(1)「等積変形」

$$8 \times 10 \div 2 = 40 \text{（cm}^2）$$

【別解】…「分配のきまり」

$$8 \times ★ \div 2 + 8 \times ☆ \div 2 = 8 \times (★ + ☆) \div 2$$
$$= 8 \times 10 \div 2 = 40 \text{（cm}^2）$$

(2)「等積変形」

$$10 \times 6 \div 2 = 30 \text{（cm}^2）$$

平行な2直線に着目して等積変形します。

(1) の図

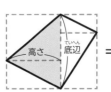
=
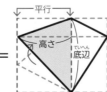

【別解】の図

(2) の図

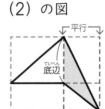
=
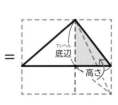

1 右の図の斜線部分の面積は何 cm² ですか。

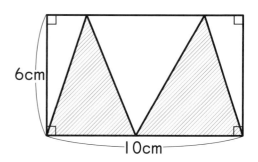

【式や考え方】

答え

2 図1の三角形⑥は「三角形 ABC」と表すこともできます。

図1

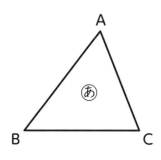

図2

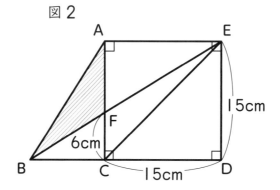

（1）　図2の三角形 ABC と面積が等しい三角形を、「三角形 ABC」のように表して答えなさい。

答え　三角形

（2）　図2の斜線部分の面積は何 cm² ですか。

【式や考え方】

答え

1 30cm²

【解説】 等積変形をして、1つの三角形にまとめます。

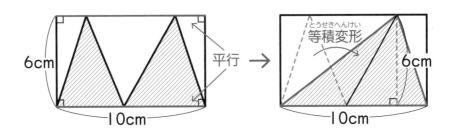

$$10 \times 6 \div 2 = 30 \text{ (cm}^2)$$

2 (1) 三角形EBC (記号の順は同じでなくても可)　(2) 45cm²

【解説】 (1) 三角形ABCと三角形EBCはどちらも底辺がBC、高さが15cmなので、2つの三角形の面積は同じです。

(2)

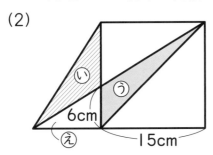

(1) より⊙+⊕=⊙+⊕なので、⊙=⊙です。

$$6 \times 15 \div 2 = 45 \text{ (cm}^2) \cdots ⊙$$

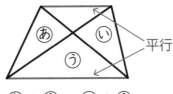

「台形ペケポン」
あの面積といの面積は同じです。

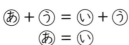

あ+う = い+う
あ = い

15 直線図形の面積②
（いろいろな直線図形の面積）

★★★★ 直線図形の面積 ② の魔法ワザ入門

1. 正方形を対角線で 2 等分や 4 等分すると、直角二等辺三角形ができる
2. 正三角形を 2 等分すると、「30 度直角三角形」ができる
3. 求め方の基本は「全体から引く」と「分ける」

例題 1

次の直角二等辺三角形の面積は何 cm² ですか。

(1)
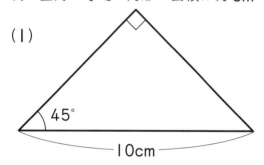

(2)
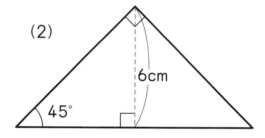

(1) 直角二等辺三角形は正方形を 2 等分した図形です。
正方形の対角線を三角形の底辺とみると、三角形の高さ
は対角線の半分の長さです。

$$10 ÷ 2 = 5 (cm) … 高さ$$
$$10 × 5 ÷ 2 = 25 (cm^2)$$

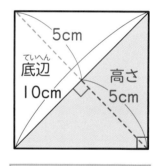

答え　**25cm²**

(2) 直角二等辺三角形の斜辺＝高さ× 2
$$6 × 2 = 12 (cm) … 底辺$$
$$12 × 6 ÷ 2 = 36 (cm^2)$$

直角三角形の一番長い辺を「斜辺」
といいます。直角二等辺三角形の
斜辺を底辺とみると斜辺は高さの
2 倍です。

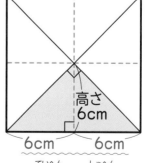

答え　**36cm²**

次の直角三角形の㋐の長さは何 cm ですか。

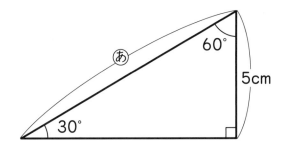

1. 3つの角の大きさが 30 度、60 度、90 度の「30 度直角三角形」は、正三角形を 2 等分した図形です。

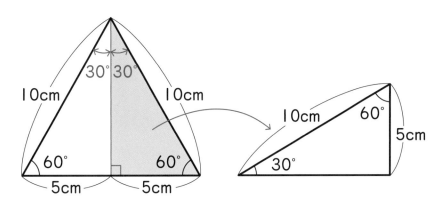

2. 「30 度直角三角形」の斜辺の長さは一番短い辺の 2 倍です。

$$5 \times 2 = 10 \text{（cm）}$$

答え　**10cm**

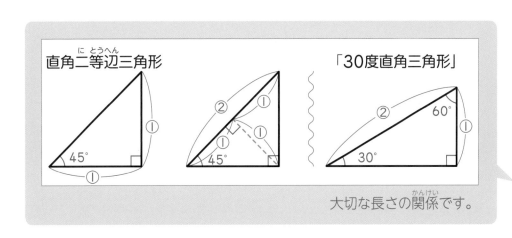

大切な長さの関係です。

次の図形の面積は何 cm² ですか。

（1）

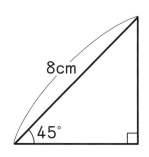

【式や考え方】

答え

（2）

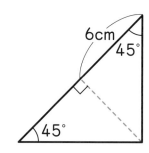

【式や考え方】

答え

問題 2 次の直角三角形の⑤の長さは何 cm ですか。

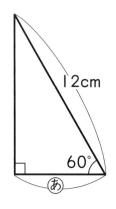

【式や考え方】

答え

問題 3 次の問いに答えなさい。

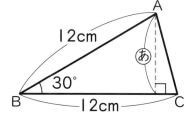

（1） ⑤の長さは何 cm ですか。

【式や考え方】

答え

（2） 三角形 ABC の面積は何 cm² ですか。

【式や考え方】

答え

158

問題 1 (1)　16cm²　(2)　36cm²

【解説】　(1)　8 ÷ 2 = 4（cm）

8 × 4 ÷ 2 = 16（cm²）

(2)　6 × 2 = 12（cm）

12 × 6 ÷ 2 = 36（cm²）

(1) の図

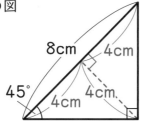

(2) の図

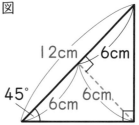

問題 2　6cm

【解説】

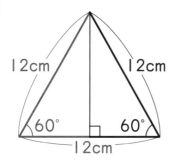

12 ÷ 2 = 6（cm）

同じ直角三角形を右側につけると正三角形ができます。

問題 3　(1)　6cm　(2)　36cm²

【解説】

(1)

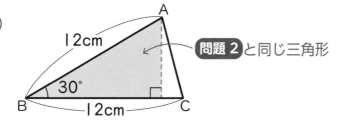

問題 2 と同じ三角形

12 ÷ 2 = 6（cm）

(2)　12 × 6 ÷ 2 = 36（cm²）

1 次の問いに答えなさい。

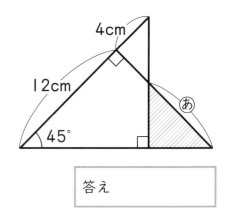

（1）　あの長さは何 cm ですか。

【式や考え方】

答え

（2）　斜線部分の面積は何 cm² ですか。

【式や考え方】

答え

2 次の問いに答えなさい。

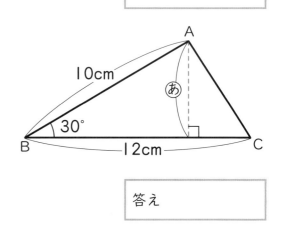

（1）　あの長さは何 cm ですか。

【式や考え方】

答え

（2）　三角形 ABC の面積は何 cm² ですか。

【式や考え方】

答え

3 斜線部分の面積は何 cm² ですか。

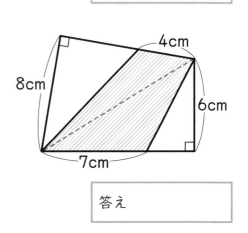

【式や考え方】

答え

1 （1） 8cm　　（2） 16cm²

【解説】 （1） 赤色の三角形は直角二等辺三角形
　　　　です。
　　　　12 − 4 = 8（cm）

　　　（2） 8 ÷ 2 = 4（cm）
　　　　8 × 4 ÷ 2 = 16（cm²）

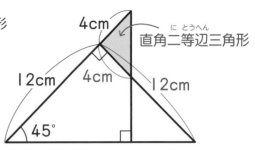
4cm
直角二等辺三角形
12cm　　4cm　　12cm
45°

2 （1） 5cm　　（2） 30cm²

【解説】 （1） 赤色の三角形は「30度直角三角
　　　　形」です。
　　　　10 ÷ 2 = 5（cm）

　　　（2） 三角形 ABC は、底辺が 12cm、
　　　　高さが 5cm の三角形です。
　　　　12 × 5 ÷ 2 = 30（cm²）

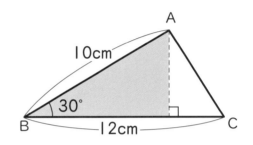
A
10cm
30°
B　　12cm　　C

3 37cm²

【解説】 点線で分けられた 2 つの三角形の面積の和を求めます。

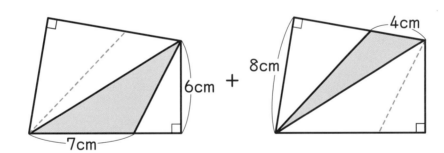
6cm ＋ 4cm 8cm
7cm

7 × 6 ÷ 2 + 4 × 8 ÷ 2 = 21 + 16 = 37（cm²）

四角形を 2 つの三角形に分けるときは底辺と高さが垂直の関係になることを利用します。

❶ 次の図の斜線部分の面積は何 cm² ですか。

（1）

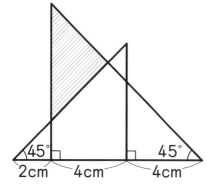

【式や考え方】

答え ◻

（2）

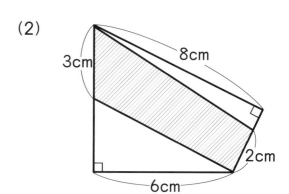

【式や考え方】

答え ◻

❷ 次の図の斜線部分の面積は何 cm² ですか。

（1）

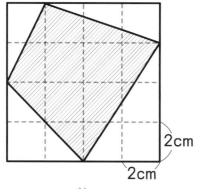

マス目は｜辺 2cm の正方形

【式や考え方】

答え ◻

（2）

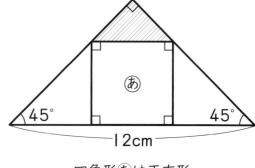

四角形あは正方形

【式や考え方】

答え ◻

応用問題の解答と解説

① （1） 9cm² （2） 17cm²

【解説】 （1） 4 × 2 = 8 （cm） … 大きい赤色の三角形の等辺（長さの等しい辺）

の長さ

8 − 2 = 6 （cm）

6 ÷ 2 = 3 （cm） … 斜線の三角形の高さ

6 × 3 ÷ 2 = 9 （cm²）

（2） 四角形を 2 つの三角形に分けま

3 × 6 ÷ 2 + 2 × 8 ÷ 2 = 17 （cm²）

はまちがった
分け方です。

（1）の図

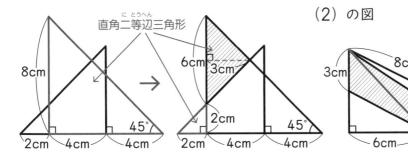

（2）の図

② （1） 34cm² （2） 4cm²

【解説】 （1）「全体から引く」

8 × 8 = 64 （cm²）

2 × 4 ÷ 2 + 4 × 4 ÷ 2 + 4 × 6 ÷ 2 + 2 × 6 ÷ 2 = 30 （cm²）

64 − 30 = 34 （cm²）

【別解】 四角形を 5 つの部分に分けます。

2 × 4 ÷ 2 + 4 × 4 ÷ 2 + 4 × 6 ÷ 2 + 2 × 6 ÷ 2 + 2 × 2 =

34 （cm²）

（2） 辺の長さは図のようになります。

4 × 2 ÷ 2 = 4 （cm²）

【別解】 直角二等辺三角形全体を、求める斜線部分と同じ大きさの直角二等辺三角形 9

つに分けます。

12 ÷ 2 = 6 12 × 6 ÷ 2 ÷ 9 = 4 （cm²）

（1）の図

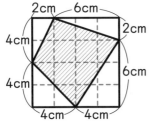

【別解】の図

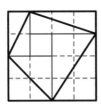

（2）の図

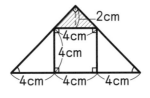

【別解】の図

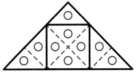

1 C、D は、半径 10cm の円を 4 等分したおうぎ
形の曲線部分を 3 等分する点です。

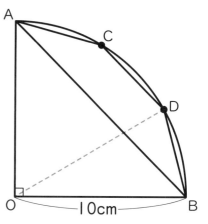

（1） 三角形 OBD の面積は何 cm² ですか。

【式や考え方】

答え

（2） 四角形 ABDC の面積は何 cm² ですか。

【式や考え方】

答え

2 斜線部分の面積は何 cm² ですか。

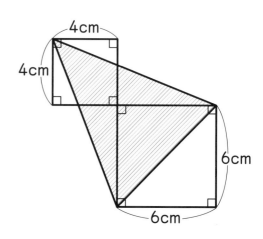

【式や考え方】

答え

発展問題の解答と解説

⭐ （1） 25cm^2 　 （2） 25cm^2
【解説】 （1） 三角形 OBD の中に「30 度直角三角形」があります。

$90 \div 3 = 30$ （度）… ○の角の大きさ

$10 \div 2 = 5$ （cm）… あの長さ

$10 \times 5 \div 2 = 25$ （cm^2）

（2） $25 \times 3 = 75$ （cm^2）… 五角形 OACDB の面積

$75 - 10 \times 10 \div 2 = 25$ （cm^2）

（1）の図　　　　　（2）の図

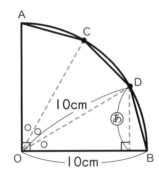
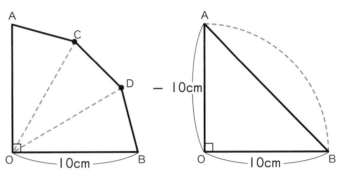

⭐ 42cm^2

【解説】 三角形を大きな四角形（正方形）で囲みます。

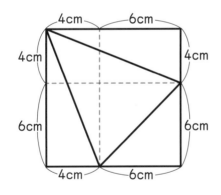

「かたむいた三角形は正方形や長方形で囲む」という、工夫のしかたがあります。

$4 + 6 = 10$ （cm）… 囲む四角形（正方形）の辺の長さ

$10 \times 10 - （4 \times 10 \div 2 \times 2 + 6 \times 6 \div 2） = 42$ （cm^2）

16 曲線図形の面積①
（面積公式）

曲線図形の面積① の魔法ワザ入門

1. 円の面積＝半径×半径×円周率
2. 円の面積＝正方形（赤色）の面積×円周率 でも求められる

 ＝ × 円周率

例題1

次の図形の面積は何 cm^2 ですか。（円周率は 3.14）

（1）
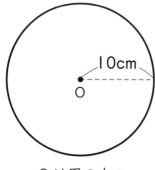

O は円の中心

（2）

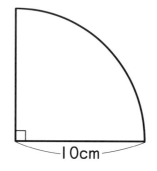
10cm

中心角が 90 度のおうぎ形

（1）円の面積＝半径×半径×円周率

$$10 \times 10 \times 3.14 = 314 \ (cm^2)$$

答え　314cm^2

円周＝直径×円周率
円の面積＝半径×半径×円周率
です。

（2）おうぎ形は円の一部です。

$$360 \div 90 = 4 \ （等分）$$

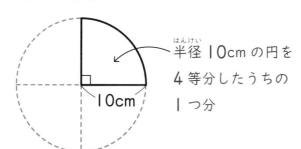

半径 10cm の円を
4 等分したうちの
1 つ分

この角を
「中心角」と
いいます。

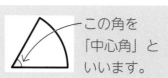

$$10 \times 10 \times 3.14 \div 4 = 78.5 \ (cm^2)$$

答え　78.5cm^2

例題2

対角線の長さが 20cm の正方形の中にぴったり入る円の
面積は何 cm² ですか。（円周率は 3.14）

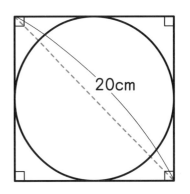

1. 円の半径を □ cm とすると、円の面積は
   □ × □ × 3.14 で求められます。

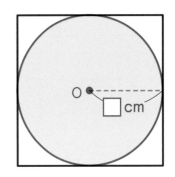

2. 図の中に 1 辺の長さが □ cm の正方形をかくと、そ
   の正方形の面積は □ × □ で求められます。

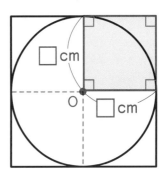

3. 赤色の正方形の面積は、大きな正方形の 4 分の 1 です。
   対角線×対角線÷2＝正方形の面積 なので、

   $$20 \times 20 \div 2 = 200 \,(cm^2)$$

   が大きな正方形の面積です。

   $$□ \times □ = 200 \div 4 = 50 \,(cm^2) \cdots 赤色$$

   の正方形

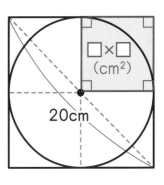

4. □ × □ × 3.14 の式の □ × □ の代わりに 50 を書きます。
   （「50 を代入する」といいます。）

   $$□ \times □ \times 3.14 = 50 \times 3.14 = 157 \,(cm^2)$$

答え　157cm²

問題 1 次の図形の面積は何 cm² ですか。(円周率は 3.14)

(1)

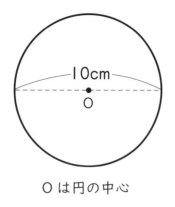

O は円の中心

【式や考え方】

答え [   ]

(2)

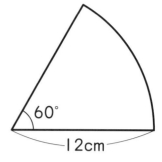

中心角が 60 度のおうぎ形

【式や考え方】

答え [   ]

問題 2 四角形 OACB は正方形、O は円の中心です。
(円周率は 3.14)

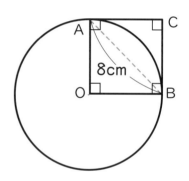

(1) 正方形 OACB の面積は何 cm² ですか。

【式や考え方】

答え [   ]

(2) 円の面積は何 cm² ですか。

【式や考え方】

答え [   ]

解答と解説

問題 1 （1）　78.5cm^2　　（2）　75.36cm^2

【解説】　（1）　10 ÷ 2 = 5 （cm）… 円の半径

5 × 5 × 3.14 = 78.5 （cm^2）

（2）　360 ÷ 60 = 6 （等分）

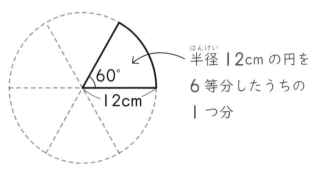

半径 12cm の円を
6 等分したうちの
1 つ分

12 × 12 × 3.14 ÷ 6 = 75.36 （cm^2）

> 分数のかけ算を習っていれば、
> おうぎ形の面積＝半径×半径×円周率× $\dfrac{\text{中心角}}{360°}$
> を使っても OK です。

問題 2 （1）　32cm^2　　（2）　100.48cm^2

【解説】　（1）　8 × 8 ÷ 2 = 32 （cm^2）

（2）　円の半径（正方形 OACB の 1 辺）を □cm とします。

□ × □ = 32 （cm^2）

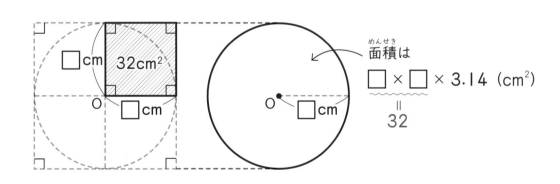

面積は

□ × □ × 3.14 （cm^2）
　= 32

□ × □ × 3.14 = 32 × 3.14 = 100.48 （cm^2）

1 次の問いに答えなさい。（円周率は 3.14）

(1) 面積が 314cm^2 の円の半径は何 cm ですか。

【式や考え方】

答え [   ]

(2) 面積が 254.34cm^2 の円の直径は何 cm ですか。

【式や考え方】

答え [   ]

(3) 半径が 8cm、面積が 50.24cm^2 のおうぎ形の中心角は何度ですか。

【式や考え方】

答え [   ]

(4) 半径が 6cm、面積が 9.42cm^2 のおうぎ形の中心角は何度ですか。

【式や考え方】

答え [   ]

1 (1) 10cm (2) 18cm (3) 90度 (4) 30度

【解説】（1）円の半径を □ cm とします。

$\square \times \square \times 3.14 = 314$

$\square \times \square = 314 \div 3.14 = 100$

$\square = 10$ （cm）

（2）円の半径を □ cm とします。

$\square \times \square \times 3.14 = 254.34$

$\square \times \square = 254.34 \div 3.14 = 81$

$\square = 9$ （cm） … 円の半径

$9 \times 2 = 18$ （cm）

（3）$8 \times 8 \times 3.14 = 200.96$ （cm^2）… 半径が 8cm の円の面積

$200.96 \div 50.24 = 4$ （等分）

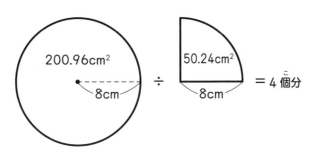

$360 \div 4 = 90$ （度）

（4）$6 \times 6 \times 3.14 = 113.04$ （cm^2）… 半径が 6cm の円の面積

$113.04 \div 9.42 = 12$ （等分）

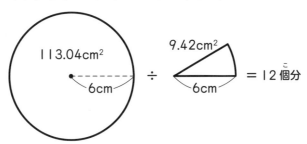

$360 \div 12 = 30$ （度）

【別解】計算の工夫をします。

$6 \times 6 \times 3.14 = 36 \times 3.14$ （cm^2）…円の面積

$9.42 \div 3.14 = 3 \rightarrow 3 \times 3.14$ （cm^2）…おうぎ形の面積

$36 \div 3 = 12$ （等分）

$360 \div 12 = 30$ （度）

「× 3.14」はどちらの式にもあるので「36 は 3 の 12 倍」を利用する方法です。

❶ 次の図の斜線部分の面積は何 cm² ですか。(円周率は 3.14)

(1)

A ─ 2cm ─ ● ─ 2cm ─ ● ─ 2cm ─ B

AB 上に 3 つの半円を並べた図

【式や考え方】

答え

(2)

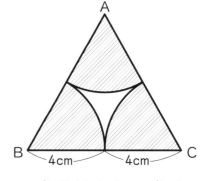

三角形 ABC は正三角形

【式や考え方】

答え

❷ 1 辺の長さが 10cm の正方形と、半径が 10cm、中心角が 90 度の 2 つのおうぎ形を重ねました。(円周率は 3.14)

(1) あの面積は何 cm² ですか。

【式や考え方】

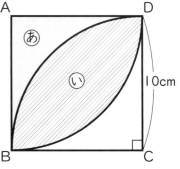

答え

(2) いの面積は何 cm² ですか。

【式や考え方】

答え

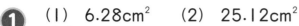
① （１） 6.28cm^2　　（２） 25.12cm^2

【解説】（１）2 ÷ 2 ＝ 1（cm）… 小円の半径

2 × 3 ÷ 2 ＝ 3（cm）… 大円の半径

3 × 3 × 3.14 ÷ 2 － 2 × 2 × 3.14 ÷ 2 － 1 × 1 × 3.14 ÷ 2

＝ 6.28（cm^2）

（２）正三角形の 1 つの内角の大きさは 60 度です。

60 × 3 ＝ 180（度）→ 3 つのおうぎ形を集めると半円になります。

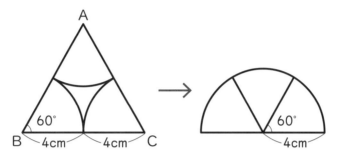

4 × 4 × 3.14 ÷ 2 ＝ 25.12（cm^2）

> 面積は図形式（図を用いた計算式）を
> かくと方針を立てやすくなります。

② （１） 21.5cm^2　　（２） 57cm^2

【解説】（１）正方形の面積からおうぎ形の面積を引きます。

360 ÷ 90 ＝ 4（等分）

10 × 10 － 10 × 10 × 3.14 ÷ 4 ＝ 21.5（cm^2）

（２）正方形の面積からⓐの 2 倍を引きます。

10 × 10 － 21.5 × 2 ＝ 57（cm^2）

【別解】2 つのおうぎ形の面積の和から正方形の面積を引きます。

10 × 10 × 3.14 ÷ 4 × 2 － 10 × 10 ＝ 57（cm^2）

（１）の図　　　　　　　　　　　　　　（２）の図

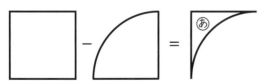

（２）の【別解】の図

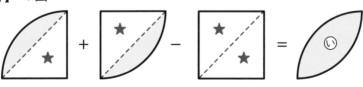

1 大きい正方形と円、円と小さい正方形がそれぞれ
ぴったり入っています。大きい正方形の面積は
40cm² です。(円周率は 3.14)

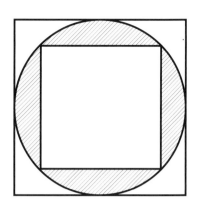

（1） 小さい正方形の面積は何 cm² ですか。

【式や考え方】

答え

（2） 斜線部分の面積は何 cm² ですか。

【式や考え方】

答え

2 縦の長さが 2m、横の長さが 3m の長方形の形をした池があります。犬に長さ 3m
のつなをつけ、つなのはしを池の 4 つの角にあるくいの 1 つにつなぎました。犬が
池の外側で動くことのできる部分は何 m² ですか。(円周率は 3.14)

【式や考え方】

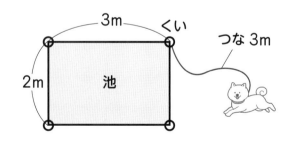

答え

（1） 20cm² 　（2） 11.4cm²

【解説】 （1） 小さい正方形を45度回転させると、その面積は大きい正方形の8分の4とわかります。

40 ÷ 8 × 4 = 20 （cm²）

（2） 円の半径（赤色の正方形の1辺）を□cmとします。

□ × □ = 40 ÷ 4 = 10 （cm²）

□ × □ × 3.14 = 10 × 3.14 = 31.4 （cm²） …円の面積

31.4 − 20 = 11.4 （cm²）

（1） の図　　（2） の図

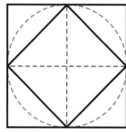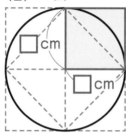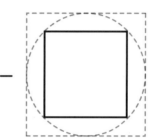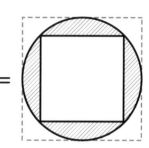

 21.98m²

【解説】 犬が動くことのできる部分は半径3mと半径1mのおうぎ形です。

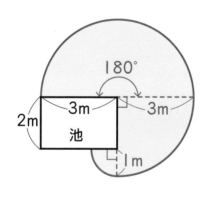

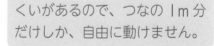くいがあるので、つなの1m分だけしか、自由に動けません。

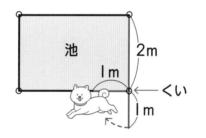

360 ÷ 180 = 2 （等分）

360 ÷ 90 = 4 （等分）

3 × 3 × 3.14 ÷ 2 + 3 × 3 × 3.14 ÷ 4 + 1 × 1 × 3.14 ÷ 4

= 21.98 （m²）

17 曲線図形の面積 ②
(いろいろな曲線図形の面積)

★ ★ ★ ★

曲線図形の面積 ② の魔法ワザ入門

1. 公式がない図形の面積の求め方

　　① 全体から引く　② 分ける

2. 公式がない図形の面積が等しいときや差がわかっているとき、
　　共通部分をつけたして解くことができる

例題 1

1辺の長さが 20cm の正方形 ABCD と半径が

10cm で中心が O の半円を組み合わせました。

曲線 CE と曲線 DE の長さは同じです。斜線部分

の面積は何 cm² ですか。(円周率は 3.14)

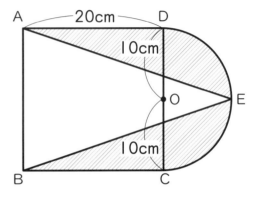

1. は面積の公式がない図形なので、「全体から引く」ことにします。

2. 図形式をかきます。

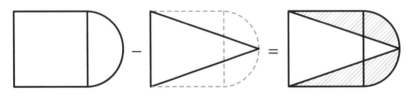

$$20 \times 20 + 10 \times 10 \times 3.14 \div 2 = 557 \,(\text{cm}^2)$$
… 正方形＋半円（全体）

$$20 + 10 = 30 \,(\text{cm}) \cdots 三角形 ABE の高さ$$
$$20 \times 30 \div 2 = 300 \,(\text{cm}^2) \cdots 三角形 ABE の面積（白い部分）$$
$$557 - 300 = 257 \,(\text{cm}^2)$$

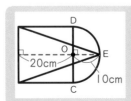

Eは曲線CDの
真ん中の点です。

答え **257cm²**

例題 2

直径 AB の長さが 20cm の半円と直角三角形 ABC を重ねると、あといの面積が等しくなりました。□ にあてはまる数を求めなさい。
（円周率は 3.14）

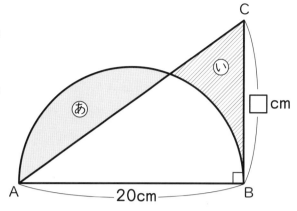

公式がない図形（あとい）の面積が等しいときは、共通する部分（う）をつけたして公式のある図形（半円と直角三角形）にします。

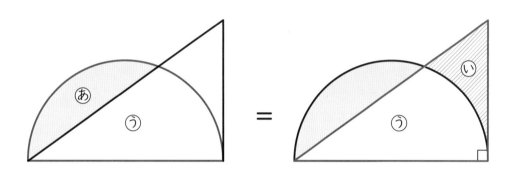

$$あ = い$$
$$あ + う = い + う$$
半円 　　直角三角形 ABC

20 ÷ 2 = 10 (cm) … 半円の半径

10 × 10 × 3.14 ÷ 2 = 157 (cm²) … あ+う=い+う

20 × □ ÷ 2 = 157 (cm²)

□ = 157 × 2 ÷ 20 = 15.7 (cm)

答え	15.7

等しい場合や差がわかっているときに使う、「つけたし」という考え方です。

問題1 縦の長さが6cm、横の長さが12cmの長方形ABCDと、半径CEの長さが6cmで中心角が90度のおうぎ形を組み合わせました。斜線部分の面積は何cm²ですか。（円周率は3.14）

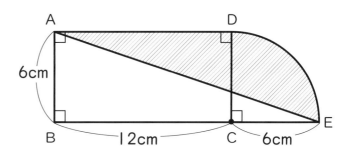

【式や考え方】

答え

問題2 縦の長さが20cmの長方形ABCDと直径ABの長さが20cmの円を組み合わせると、あといの面積が等しくなりました。（円周率は3.14）

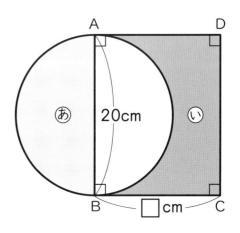

（1） 長方形ABCDの面積は何cm²ですか。

【式や考え方】

答え

（2） 辺BCの長さ（□cm）は何cmですか。

【式や考え方】

答え

問題 1 46.26cm²

【解説】　6 × 12 = 72（cm²）… 長方形 ABCD

360 ÷ 90 = 4（等分）

6 × 6 × 3.14 ÷ 4 = 28.26（cm²）… おうぎ形

（12 + 6）× 6 ÷ 2 = 54（cm²）… 三角形 ABE（白い部分）

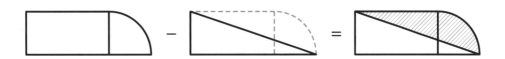

72 + 28.26 − 54 = 46.26（cm²）

問題 2 （1）　314cm²　　（2）　15.7cm

【解説】　（1）あ＝いなので、あ＋う＝い＋うです。

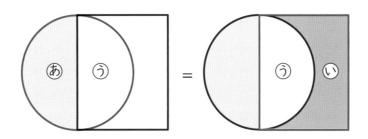

20 ÷ 2 = 10（cm）… 円の半径

10 × 10 × 3.14 = 314（cm²）… あ＋う＝い＋う

【別解】　等積移動

あとうは大きさが同じ半円なので、あをうに移動させると、長方形 ABCD の面積はあの面積の 2 倍に等しいことがわかります。

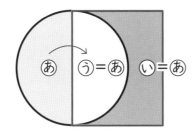

（2）314 ÷ 20 = 15.7（cm）

1 直径の長さが 20cm の半円を 2 つと半径の
長さが 20cm、中心角の大きさが 90 度の
おうぎ形を重ねました。(円周率は 3.14)

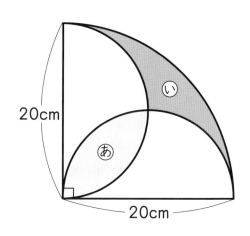

(1) あの面積は何 cm² ですか。

【式や考え方】

答え

(2) いの面積は何 cm² ですか。

【式や考え方】

答え

2 直径の長さが 20cm の半円と半径の長さが
20cm、中心角の大きさが 45 度のおうぎ形
を重ねました。曲線 AC と曲線 BC の長さは
同じです。斜線部分の面積は何 cm² ですか。
(円周率は 3.14)

【式や考え方】

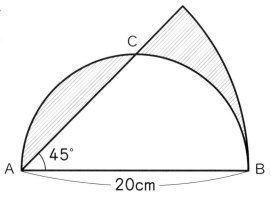

答え

1 （1） 57cm² （2） 57cm²

【解説】 （1） 円の中心と円周上の点を結びます。

$$20 \div 2 = 10 \text{（cm）}$$

$$360 \div 90 = 4 \text{（等分）}$$

$$10 \times 10 \times 3.14 \div 4 \times 2 - 10 \times 10 = 57 \text{（cm}^2\text{）}$$

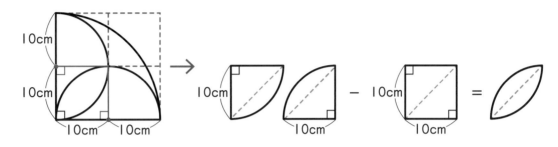

（2） レンズ形（あ）を2等分し、移動させます。

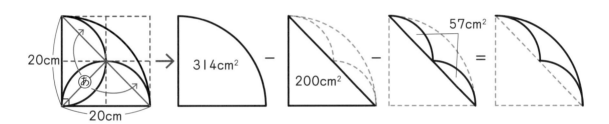

$$20 \times 20 \times 3.14 \div 4 - 20 \times 20 \div 2 - 57 = 57 \text{（cm}^2\text{）}$$

【別解】 「全体から引く」（（1）の左の図を参照）

$$20 \times 20 \times 3.14 \div 4 - (10 \times 10 \times 3.14 \div 4 \times 2 + 10 \times 10) = 57 \text{（cm}^2\text{）}$$

　　　90°のおうぎ形（大）　　　90°のおうぎ形（小）2つ分　　　正方形

2 57cm²

【解説】 円の中心と円周上の点を結び、次に弓形
（あ）を移動させます。

$$20 \div 2 = 10 \text{（cm）} \cdots 直角二等辺三角形の高さ$$

$$360 \div 45 = 8 \text{（等分）}$$

$$20 \times 20 \times 3.14 \div 8 - 20 \times 10 \div 2 = 57 \text{（cm}^2\text{）}$$

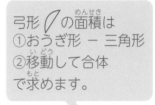

弓形 (の面積は
①おうぎ形 － 三角形
②移動して合体
で求めます。

弓形を移動させる

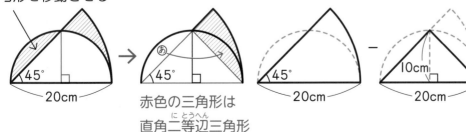

赤色の三角形は
直角二等辺三角形

❶ 1辺の長さが 20cm の正方形 ABCD と直径が AB の半円と半径が AB で中心角の大きさが 90 度のおうぎ形を重ねました。斜線部分の面積は何 cm² ですか。

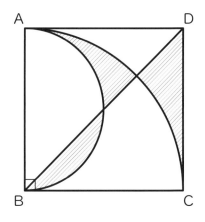

【式や考え方】

答え [   ]

❷ 半径 OA の長さが 6cm の半円に三角形 OAC を重ねました。C は半円の曲線上の点です。(円周率は 3.14)

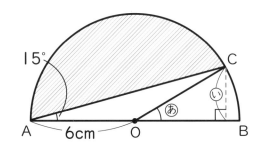

(1) ⑰の角の大きさは何度ですか。

【式や考え方】

答え [   ]

(2) ⓘの長さは何 cm ですか。

【式や考え方】

答え [   ]

(3) 斜線部分の面積は何 cm² ですか。

【式や考え方】

答え [   ]

① 100cm²

【解説】 図のように分けて等積移動をすると、正方形の4
分の1の直角二等辺三角形ができます。

20 ÷ 2 = 10 （cm）… 直角二等辺三角形の高さ

20 × 10 ÷ 2 = 100 （cm²）

【別解】 20 × 20 ÷ 4 = 100 （cm²）

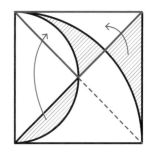

② （1） 30度 　（2） 3cm 　（3） 38.1cm²

【解説】 （1） 三角形 OAC は二等辺三角形で、㋐は外角です。

15 × 2 = 30 （度）

（2）「30度直角三角形」があります。

6 ÷ 2 = 3 （cm）

（1）の図 　　　　　　　　（2）の図

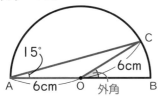 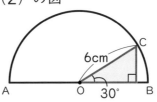

（3） おうぎ形 OAC の面積から三角形 OAC の面積を引きます。

180 − 30 = 150 （度）… おうぎ形 OAC の中心角

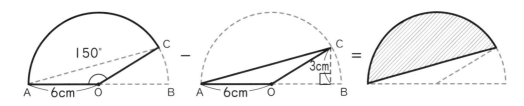

360度は30度の12倍、150度は30度の5倍なので、中心角の
大きさが150度のおうぎ形の面積は、半径6cmの円の面積の12分
の5です。

150度のおうぎ形の面積は、
$6 × 6 × 3.14 × \dfrac{150}{360}$ でも
求められます。

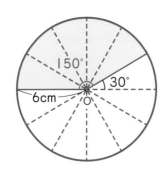

6 × 6 × 3.14 ÷ 12 × 5 − 6 × 3 ÷ 2 = 38.1 （cm²）

1 直径が AB の半円と正三角形 ABC を重ねました。（円周率は 3.14）

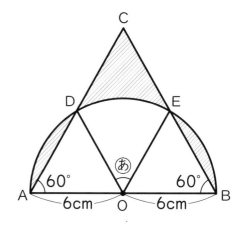

（1） あの角の大きさは何度ですか。

【式や考え方】

答え

（2） 斜線部分の面積は何 cm² ですか。

【式や考え方】

答え

2 3つの点 C、D、E は、直径 AB の長さが 20cm の半円の曲線部分を4等分しています。F は AB 上の点です。斜線部分の面積は何 cm² ですか。（円周率は 3.14）

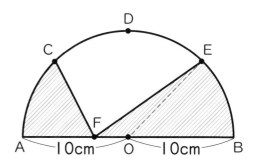

【式や考え方】

答え

1 (1) 60度　　(2) 18.84cm²

【解説】（1）図の赤色の三角形は 1 辺の長さが 6cm の正三角形です。

$$180 - 60 \times 2 = 60（度）$$

（2）図のように正三角形 ABC を 4 つに分けると、1 辺の長さが 6cm の正三角形が 4 つできます。

★と☆を等積移動すると、求める部分は半径が 6cm、中心角の大きさが 60 度のおうぎ形になります。

$$360 \div 60 = 6（等分）$$

$$6 \times 6 \times 3.14 \div 6 = 18.84（cm^2）$$

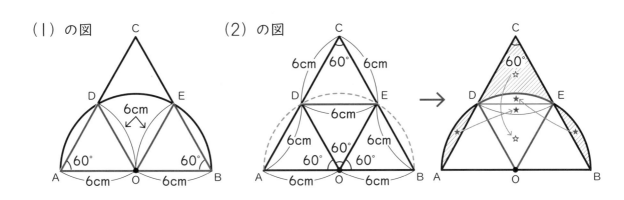

（1）の図　　　　（2）の図

2 78.5cm²

【解説】ヒントの点線を使って等積変形をすると、求める部分は半径が 10cm、中心角の大きさが 45 度のおうぎ形 2 つ分になります。

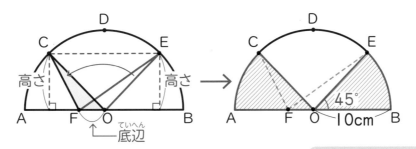

$$180 \div 4 = 45（度）$$

$$360 \div 45 = 8（等分）$$

$$10 \times 10 \times 3.14 \div 8 \times 2 = 78.5（cm^2）$$

AF や OF の長さは分かりませんが 2 つの三角形は底辺 OF が共通で高さも同じです。

18 図形の回転移動と転がり移動

図形の回転移動と転がり移動の魔法ワザ入門

1. 移動する頂点は円をえがく

2. 回転の中心は動かない

3. 動いた様子を考えるとき、図形式が利用できる

例題1

長方形 ABCD をあの位置からいの位置まで、点 C を中心にして時計回りに 90 度回転させました。（ア）〜（ウ）にあてはまる頂点の記号を答えなさい。

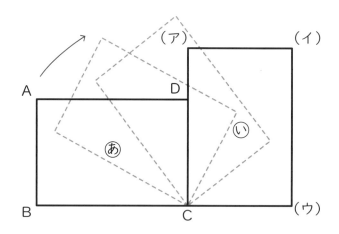

長方形の頂点は、円の一部をえがきながら動きます。

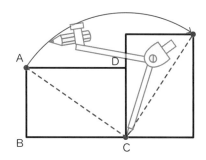
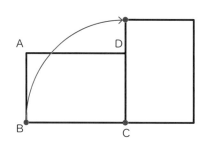
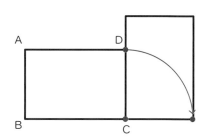

答え （ア）B 、（イ）A 、（ウ）D

例題 2

長方形 ABCD を㋐の位置から㋑の位置まで、直線 m にそってすべらないように転がしました。(ア)～(エ)にあてはまる頂点の記号を答えなさい。

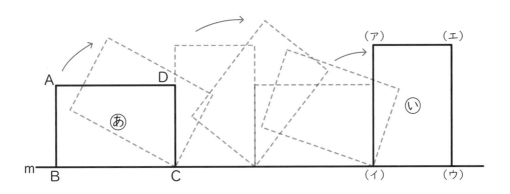

長方形を転がすごとに、頂点の動きを考えます。

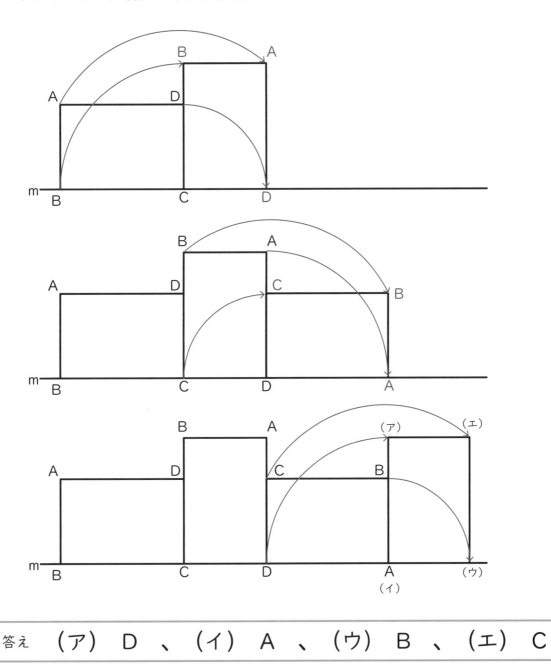

答え　(ア) D 、(イ) A 、(ウ) B 、(エ) C

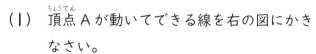

問題 1 直角三角形 ABC を⑧の位置から①の位置まで、点 C を中心にして時計回りに 90 度回転させました。（円周率は 3.14）

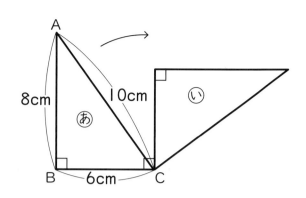

（1） 頂点 A が動いてできる線を右の図にかきなさい。

（2） （1）でかいた線の長さは何 cm ですか。

【式や考え方】

答え

問題 2 正三角形 ABC を⑧の位置から①の位置まで、直線 m にそってすべらないように転がしました。（円周率は 3.14）

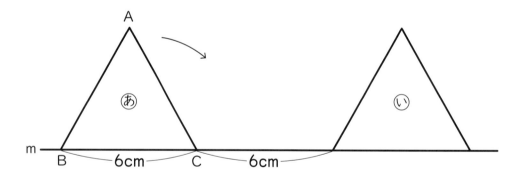

（1） 頂点 B が動いてできる線を上の図にかきなさい。

（2） （1）でかいた線の長さは何 cm ですか。

【式や考え方】

答え

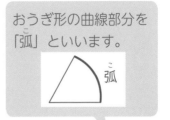

おうぎ形の曲線部分を「弧」といいます。

解答と解説

問題 1 （1） 解説の図を参照 （2） 15.7cm

【解説】（1）点 A は、C を中心とした半径 10cm の円の一部をえがきます。

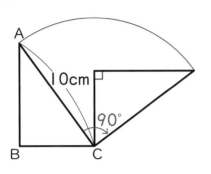

（2）半径 10cm、中心角 90 度のおうぎ形の弧の長さを求めます。

$360 \div 90 = 4$ （等分）

$10 \times 2 \times 3.14 \div 4 = 15.7$ （cm）

問題 2 （1） 解説の図を参照 （2） 25.12cm

【解説】（1）下の図のように動きます。

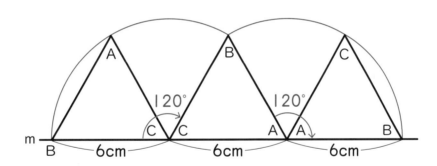

（2）半径 6cm、中心角 120 度のおうぎ形の弧 2 つ分です。

$360 \div 120 = 3$ （等分）

$6 \times 2 \times 3.14 \div 3 \times 2 = 25.12$ （cm）

半径 6cm のおうぎ形の弧なのでこの点を通ります。

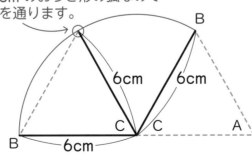

通る点に注意します。

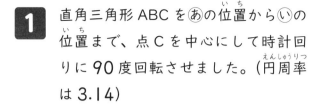

1 直角三角形 ABC を㋐の位置から㋑の位置まで、点 C を中心にして時計回りに **90** 度回転させました。(円周率は **3.14**)

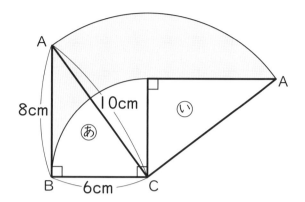

(1) ( ) の中に図形をかいて、図形式を完成させなさい。

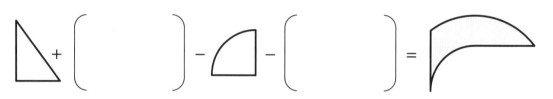

(2) かげをつけた部分の面積は何 cm^2 ですか。

【式や考え方】

答え

2 半径 **4cm** の円を㋐の位置から㋑の位置まで、直線 m にそってすべらないように転がしました。O は円の中心です。かげをつけた部分の面積は何 cm^2 ですか。(円周率は **3.14**)

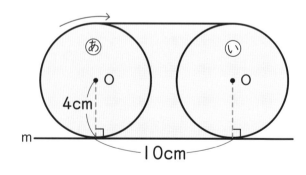

【式や考え方】

答え

1 (1) 解説の図を参照 (2) 50.24cm²

【解説】 (1) 図形全体は直角三角形とおうぎ形（大）、白い部分は直角三角形とおうぎ形（小）です。

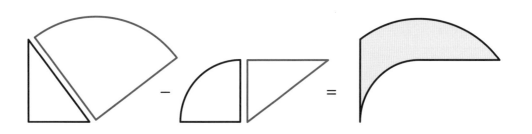

(2) (1) の図形式で2つの直角三角形の面積は同じですから、かげをつけた部分の面積は、2つのおうぎ形の面積の差と同じです。

360 ÷ 90 = 4（等分）

10 × 10 × 3.14 ÷ 4 − 6 × 6 × 3.14 ÷ 4 = 50.24（cm²）

2 130.24cm²

【解説】 円の中心と円周上の点を結ぶと、かげをつけた部分は2つの半円と長方形に分けられます。

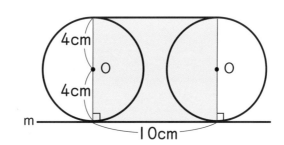

2つの半円を合わせると1つの円になります。

4 × 2 = 8（cm）… 長方形の縦

4 × 4 × 3.14 + 8 × 10 = 130.24（cm²）

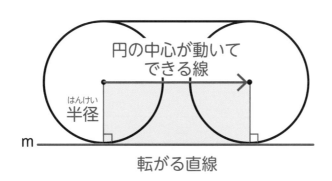

円が直線上を転がるとき円の中心が動いてできる線、半径、転がる直線で囲まれた図形は、長方形や正方形になります。

1 半径 12cm の半円を点 B を中心にして時計回りに 60 度回転させました。かげをつけた部分の面積は何 cm² ですか。
（円周率は 3.14）

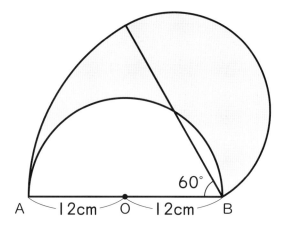

【式や考え方】

答え

2 半径 8cm の円を ⓐ の位置から ⓘ の位置まで、長方形の辺にそってすべらないように転がしました。O は円の中心です。（円周率は 3.14）

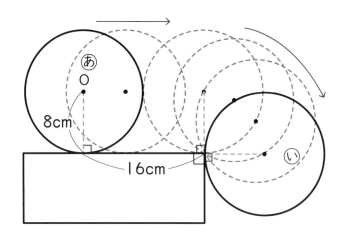

（1） 円の中心 O が動いてできる線を上の図にかきなさい。

（2） （1）でかいた線の長さは何 cm ですか。

【式や考え方】

答え

① 301.44cm²

【解説】 図形式をかくと次のようになります。

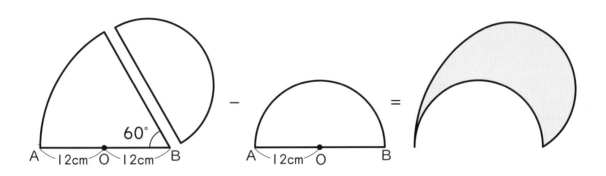

$$12 × 2 = 24 \text{ (cm)} … おうぎ形の半径$$

$$360 ÷ 60 = 6 \text{ (等分)}$$

$$24 × 24 × 3.14 ÷ 6 = 301.44 \text{ (cm}^2\text{)}$$

② （1） 解説の図を参照 　　（2） 28.56cm

【解説】 （1） 長方形の角で、円は長方形の頂点を中心に回転します。

$$360 - 90 × 3 = 90 \text{ (度)} … 円が回転する角度$$

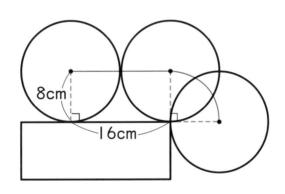

（2） $360 ÷ 90 = 4$ （等分）

$$16 + 8 × 2 × 3.14 ÷ 4 = 28.56 \text{ (cm)}$$

図形の角での円の動き

直角　　　　　回転

図形

直角

円が図形の角を回り始めるときと回り終わるときの図形の辺と半径は直角に交わっています。

図形の回転移動と転がり移動

18

⭐**1** 1辺の長さが**20cm**の正方形ABCDを点Cを中心にして時計回りに**90**度回転させました。かげをつけた部分の面積は何cm²ですか。(円周率は3.14)

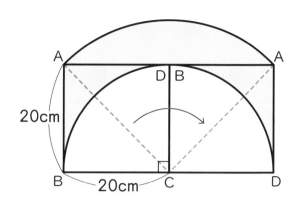

【式や考え方】

答え

⭐**2** 1辺の長さが**10cm**の正方形を1マスとする方眼用紙があります。直径**10cm**の円が、かげをつけた六角形の辺にそってすべることなく転がり、1周しました。円の中心が動いてできる線の長さは何cmですか。(円周率は3.14)

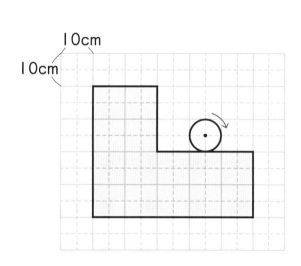

【式や考え方】

答え

1 400cm²

【解説】　図形式は次のようになります。

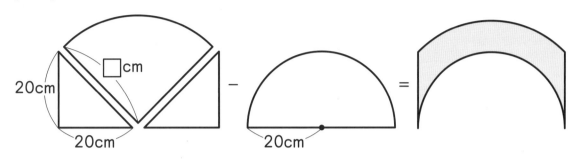

$\square \times (\square \div 2) \div 2 = 20 \times 20 \div 2 \quad \rightarrow \quad \square \times \square = 800$

$360 \div 90 = 4$（等分）

$360 \div 180 = 2$（等分）

$\underset{800}{\underline{\square \times \square}} \times 3.14 \div 4 + 20 \times 20 \div 2 \times 2 - 20 \times 20 \times 3.14 \div 2$

$= 400$（cm²）

2 209.25cm

【解説】　円の中心は下の図の赤い線のように動きます。

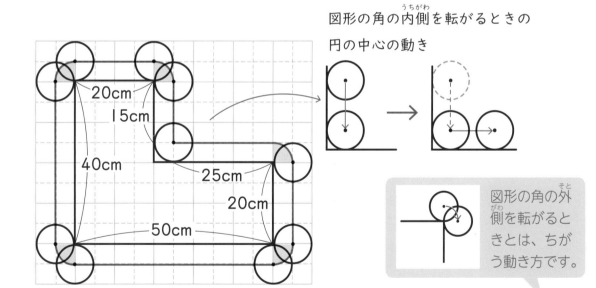

図形の角の内側を転がるときの
円の中心の動き

図形の角の外側を転がるときとは、ちがう動き方です。

5つの赤色のおうぎ形は、半径が5cm、中心角が90度です。

$360 \div 90 = 4$（等分）

$40 + 50 + 20 + 25 + 15 + 20 = 170$（cm）… 直線部分の合計

$5 \times 2 \times 3.14 \div 4 \times 5 = 39.25$（cm）… 曲線部分の合計

$170 + 39.25 = 209.25$（cm）

19 立体の体積・表面積

立体の体積・表面積の魔法ワザ入門

1. 1辺の長さが 1cm の立方体の体積は 1cm³
2. 角柱や円柱には底面が 2 つあり、それらは合同
3. □角柱には□個の側面（長方形または正方形）がある
4. 角柱や円柱の側面積＝底面の周りの長さ×高さ

例題 1

1辺の長さが 1cm の立方体を使って、右のような直方体を作りました。この直方体の体積は何 cm³ ですか。また、表面積は何 cm² ですか。

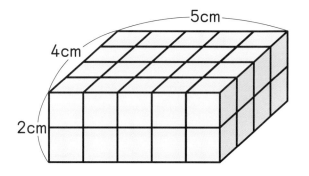

1. 直方体の体積＝縦×横×高さ

   1辺の長さが 1cm の立方体が、縦に 4 個、横に 5 個並び、それが 2 段あります。
   「1cm³ ×（4 × 5 × 2）個」と計算する代わりに、

$$4 \times 5 \times 2 = 40 \, (cm^3)$$

   のように、「縦の長さ×横の長さ×高さ」で求めます。

   答え　**40cm³**

2. 直方体の表面積＝（縦×横＋横×高さ＋高さ×縦）× 2

   あ、い、うの面がそれぞれ 2 つずつあります。

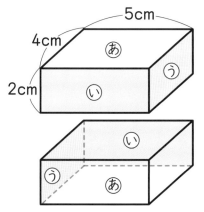

$$4 \times 5 = 20 \, (cm^2) \cdots あ$$
$$5 \times 2 = 10 \, (cm^2) \cdots い$$
$$2 \times 4 = 8 \, (cm^2) \cdots う$$

表面積はその立体のすべての面の面積の和です。

$$(20 + 10 + 8) \times 2 = 76 \, (cm^2)$$

   答え　**76cm²**

例題2

1段に1辺の長さが1cmの立方体を11個並べ、それを2段積み上げて立体を作りました。

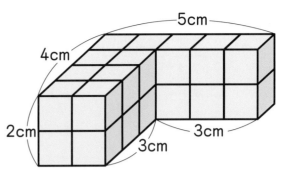

(1) 底面積は何cm²ですか。
(2) 体積は何cm³ですか。
(3) 表面積は何cm²ですか。

(1) 角柱や円柱には底面が2つあり、2つの底面は合同（大きさや形が同じ）です。

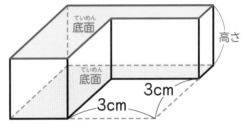

$$4 \times 5 - 3 \times 3 = 11 \ (cm^2)$$

答え　11cm²

(2) 角柱や円柱の体積＝底面積×高さ
　1段に並ぶ立方体の数と底面積、段数と高さはそれぞれ同じ値です。

$$\underset{\substack{\text{1段に並ぶ数}\\=\\\text{底面積}}}{11} \times \underset{\substack{=\\\text{高さ}}}{2} = 22 \ (cm^3)$$

図の立体は六角柱（底面が六角形の角柱）です。

答え　22cm³

(3) 角柱や円柱の表面積＝底面積×2＋側面積
　側面積＝底面の周りの長さ×高さ
　6つの側面は縦が同じ長さなので、つなぐと1つの長方形になります。

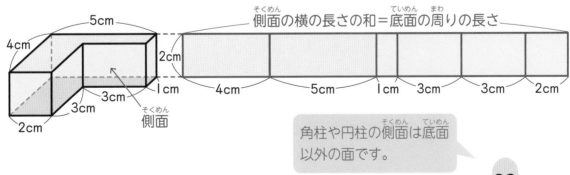

角柱や円柱の側面は底面以外の面です。

$$\underset{\substack{\text{底面積}}}{11} \times 2 + \underset{\substack{\text{底面の周りの長さ}}}{(4 + 5) \times 2} \times \underset{\substack{\text{高さ}}}{2} = 58 \ (cm^2)$$

答え　58cm²

問題 1 1辺の長さが 1cm の立方体を使って、右のような立方体を作りました。この立方体の体積<small>たいせき</small>は何 cm^3 ですか。また、表面積<small>ひょうめんせき</small>は何 cm^2 ですか。

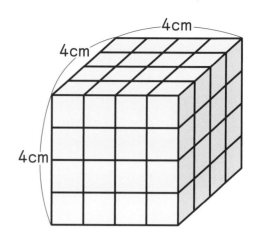

【式や考え方】

答え	体積<small>たいせき</small>	、	表面積<small>ひょうめんせき</small>

問題 2 1辺の長さが 1cm の立方体を 18 個<small>こ</small>使って、右のような立体（十二角柱）を作りました。底面積<small>ていめんせき</small>は何 cm^2 ですか。また、表面積<small>ひょうめんせき</small>は何 cm^2 ですか。

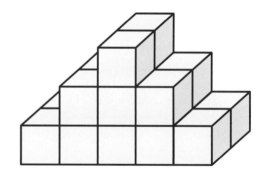

【式や考え方】

答え	底面積<small>ていめんせき</small>	、	表面積<small>ひょうめんせき</small>

✏️ **解答と解説** -

問題 1 体積 $64cm^3$、 表面積 $96cm^2$

【解説】 $4 \times 4 \times 4 = 64$（cm^3）

1 辺の長さが 4cm の正方形の面が

6 つあります。

$4 \times 4 \times 6 = 96$（cm^2）

> 立方体の体積 = 1 辺の長さ × 1 辺の長さ × 1 辺の長さ で求めます。

問題 2 底面積 $9cm^2$、 表面積 $50cm^2$

【解説】 十二角柱の 2 つの底面は、合同な十二角形です。（左下図）

$1 \times 1 = 1$（cm^2）

$1 \times (1 + 3 + 5) = 9$（cm^2）… 底面積

十二角柱の 12 の側面は、縦の長さが等しい長方形です。（中央下図）

$(3 + 5) \times 2 = 16$（cm）… 底面の周りの長さ（右下図）

$16 \times 2 = 32$（cm^2）… 側面積

$9 \times 2 + 32 = 50$（cm^2）

> □角柱の底面は □角形です。

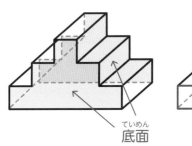

底面

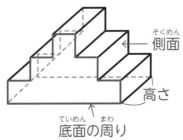

側面

高さ

底面の周り

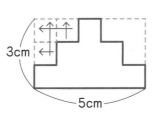

3cm

5cm

【別解】 真正面から見える面と真後ろから見える面は合同です。右から見える面と

左から見える面も合同、真上から見える面と真下から見える面も合同です。

$(\underline{9} + \underline{6} + \underline{10}) \times \underline{2} = 50$（$cm^2$）

真正面から　右から　真上から　2つずつ
見える面　見える面　見える面　ある

> 投影図といいます。

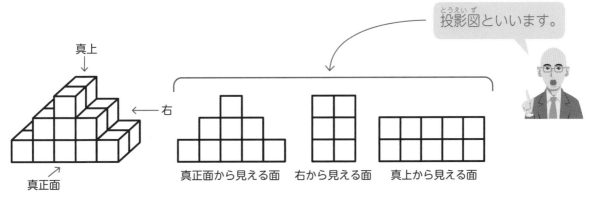

真上

右

真正面

真正面から見える面　　右から見える面　　真上から見える面

1 右の立体は直方体を２等分したうちの１つです。

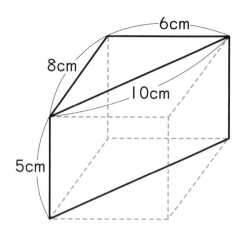

(1) 底面は何角形ですか。

【式や考え方】

答え _____

(2) 体積は何 cm³ ですか。

【式や考え方】

答え _____

(3) 側面積は何 cm² ですか。

【式や考え方】

答え _____

2 右のように、１辺の長さが10cm の立方体から１辺の長さが5cm の立方体を取り除いた立体を作りました。体積は何 cm³ ですか。また、表面積は何 cm² ですか。

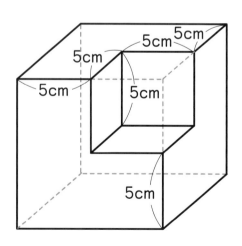

【式や考え方】

答え 　体積 _____ 、 表面積 _____

✏️ 練習問題の解答と解説 - 🍀

1 (1) 三角形（直角三角形）　(2) 120cm³　(3) 120cm²

【解説】 (1) 平行に向かい合っている合同な2つの面が角柱の底面です。

(2) $8 × 6 ÷ 2 = 24$ （cm²）… 底面積

$24 × 5 = 120$ （cm³）

(3) $8 + 6 + 10 = 24$ （cm）… 底面の周りの長さ

$24 × 5 = 120$ （cm²）

(1) の図　　　　(3) の図

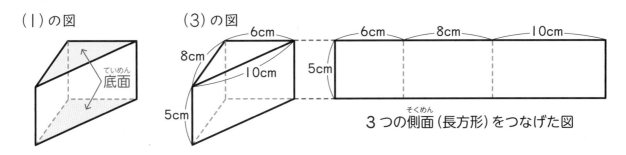

3つの側面（長方形）をつなげた図

2 体積　875cm³、　表面積　600cm²

【解説】 $10 × 10 × 10 − 5 × 5 × 5 = 875$ （cm³）… 体積

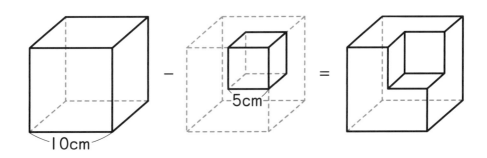

「凹みをふくらませる」を利用します。

3つの小さい正方形の面を下の図のように移動させると、小さい立方体を取り除く前の立方体（1辺の長さが10cm）の表面積と同じになります。

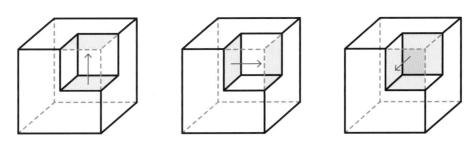

$10 × 10 × 6 = 600$ （cm²）… 表面積

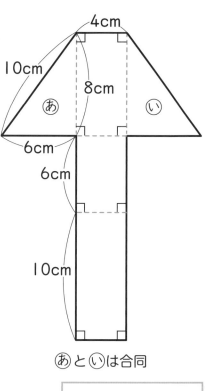

1 右の図を組み立ててできる立体について、次の問いに答えなさい。

（1） できる立体は何角柱ですか。

【式や考え方】

答え 　　　　　　　　　

（2） できる立体の体積は何 cm³ ですか。

【式や考え方】

あといは合同

答え 　　　　　　　　　

（3） できる立体の表面積は何 cm² ですか。

【式や考え方】

答え 　　　　　　　　　

2 右のように、直方体から直方体を取り除いた立体を作りました。体積は何 cm³ ですか。また、表面積は何 cm² ですか。

【式や考え方】

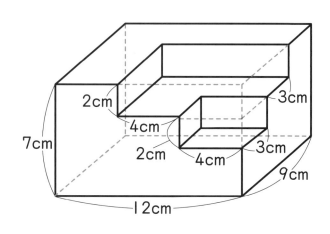

答え 体積 　　　　　　、 表面積

応用問題の解答と解説

① （1） 三角柱 　　（2） 96cm³ 　　（3） 144cm²

【解説】 （1） 右の図の立体ができます。

（2） 8 × 6 ÷ 2 = 24 （cm²）
… 底面積

24 × 4 = 96 （cm³）

（3） 8 + 6 + 10 = 24 （cm）
… 底面の周りの長さ

24 × 4 = 96 （cm²）
… 側面積

24 × 2 + 96 = 144 （cm²）

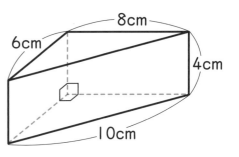

問題の図は「展開図」という立体の表し方です。

② 体積　636cm³、　表面積　510cm²

【解説】 3 + 3 = 6 （cm）

4 + 4 = 8 （cm）

9 × 12 × 7 − 6 × 8 × 2 − 3 × 4 × 2 = 636 （cm³） … 体積

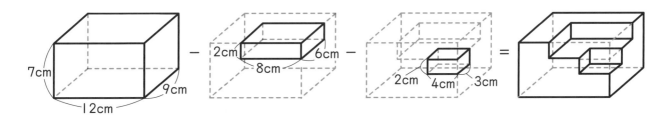

「凹みをふくらませる」を利用すると、直方体を取り除く前の表面積と同じになります。

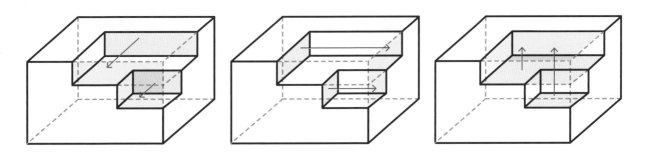

（9 × 12 + 12 × 7 + 7 × 9）× 2 = 510 （cm²） … 表面積

1 右の図は、おうぎ形を底面とする立体の展開図です。次の問いに答えなさい。
（円周率は 3.14）

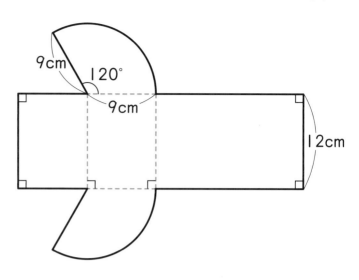

（1） 立体の体積は何 cm³ ですか。

【式や考え方】

答え [　　　　　　　]

（2） 立体の表面積は何 cm² ですか。

【式や考え方】

答え [　　　　　　　]

2 右の立体は、底面が正方形の四角柱を 6 個を積み上げて作った八角柱で、体積は 4320cm³ です。この立体の表面積は何 cm² ですか。

【式や考え方】

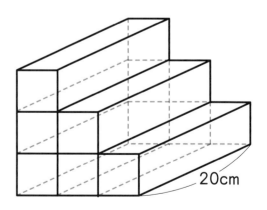

答え [　　　　　　　]

発展問題の解答と解説

★1 **(1)** 1017.36cm³　**(2)** 611.64cm²

【解説】 (1) 360 ÷ 120 = 3 （等分）

9 × 9 × 3.14 ÷ 3 = 84.78 （cm²）… 底面積

84.78 × 12 = 1017.36 （cm³）

(2) 9 × 2 × 3.14 ÷ 3 + 9 + 9 = 36.84 （cm）… 底面の周りの長さ

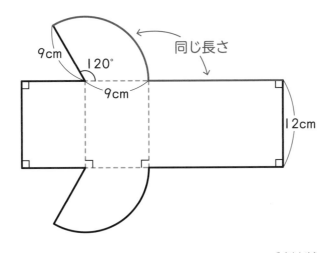

組み立てたときに
どの部分とどの部分が
くっつくか考えましょう。

36.84 × 12 = 442.08 （cm²）… 側面積

84.78 × 2 + 442.08 = 611.64 （cm²）

★2 1872cm²

【解説】 4320 ÷ 20 = 216 （cm²）… 底面積

216 ÷ 6 = 36 （cm²）… 正方形の面積

36 = 6 × 6　→　正方形の1辺の長さは 6cm

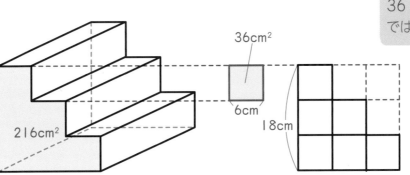

正方形の1辺の長さは
36 ÷ 4 = 9(cm)
ではありません。

6 × 3 × 4 = 72 （cm）… 底面の周りの長さ

72 × 20 = 1440 （cm²）… 側面積

216 × 2 + 1440 = 1872 （cm²）

20 水問題

★★★ 水問題の魔法ワザ入門

1. 1L＝1000cm³
2. 水の中にある立体は水におきかえられる
3. 奥行きが同じ立体は前から見た図で考えられる

例題1

右の図のように、段のある水そうに24Lの水を入れました。□にあてはまる数を求めなさい。ただし、辺と辺はどれも垂直に交わっています。また、水そうの厚さは考えません。

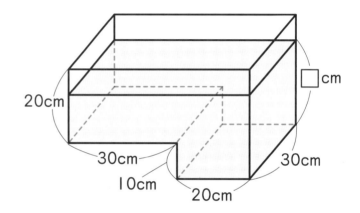

1. 水そうの中の水を2つに分けます。

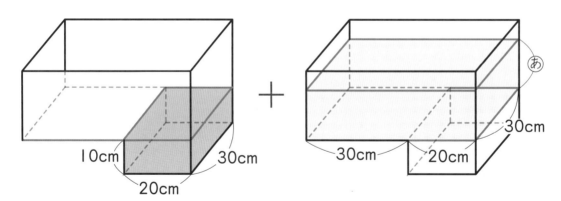

2. 直方体の体積＝縦×横×高さ

水の形を六角柱として求める方法もあります。

$24L = 24000cm³$

$30 × 20 × 10 = 6000$ （cm³）… 左上図の水の体積

$24000 − 6000 = 18000$ （cm³）… 右上図の水の体積

$18000 ÷ \{30 × (30 + 20)\} = 12$ （cm）… あ

$10 + 12 = 22$ （cm）

答え　22

1辺の長さが 20cm の立方体の水そうに 4L の水が入っています。この中に鉄でできた1辺の長さが 10cm の立方体のおもりを1個入れました。

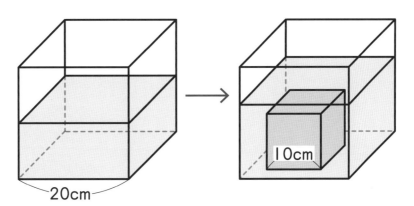

(1) おもりを入れる前の水の深さは何 cm ですか。

(2) おもりを入れた後の水の深さは何 cm ですか。

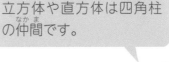

立方体や直方体は四角柱の仲間です。

(1) 水（四角柱）の体積＝底面積×高さ

$$4L = 4000cm^3$$
$$4000 \div (20 \times 20) = 10 \, (cm)$$

答え	10cm

(2) 水そうの中には水とおもりが入っています。

$$4000 + 10 \times 10 \times 10 = 5000 \, (cm^3) \cdots 体積の和$$
$$5000 \div (20 \times 20) = 12.5 \, (cm)$$

【別解】 $10 \times 10 \times 10 \div (20 \times 20) = 2.5 \, (cm)$
　　　　　　　　　　　　　　　　　　　… 増える水の深さ

$$10 + 2.5 = 12.5 \, (cm)$$

答え	12.5cm

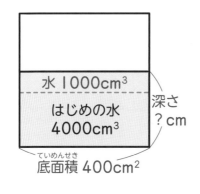

水 1000cm³

はじめの水 4000cm³

深さ ? cm

底面積 400cm²

おもりは全部が水の中にあるので、「1000cm³ の水を加えた」と考えることができます。

問題 1 直方体を組み合わせた水そうに、水が 30L 入っています。□にあてはまる数を求めなさい。ただし、水そうの厚さは考えません。

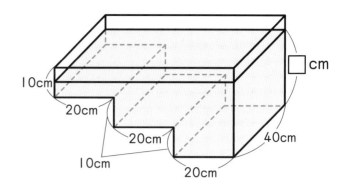

【式や考え方】

答え _____

問題 2 縦 40cm、横 50cm、高さ 30cm の直方体の水そうに 40L の水が入っています。ただし、水そうの厚さは考えません。

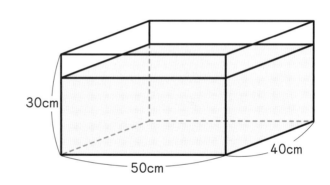

（1） 水の深さは何 cm ですか。

【式や考え方】

答え _____

（2） 1辺の長さが 20cm の立方体のおもりを入れると、水の深さは何 cm 増えますか。

【式や考え方】

答え _____

問題1 22.5

【解説】
30L ＝ 30000cm³
40 × 20 × 10 ＝ 8000（cm³）… 黒色部分の体積
40 ×（20 × 2）× 10 ＝ 16000（cm³）… 赤斜線部分の体積
30000 −（8000 ＋ 16000）＝ 6000（cm³）… 赤色部分の体積
6000 ÷（40 × 20 × 3）＝ 2.5（cm）… あ
10 ＋ 10 ＋ 2.5 ＝ 22.5（cm）

【別解】… 水を八角柱として考えます。
30000 ÷ 40 ＝ 750（cm²）… 底面積
750 − ｛10 × 20 ＋ 10 ×（20 × 2）｝ ＝ 150（cm²）… いの面積
150 ÷（20 × 3）＝ 2.5（cm）… あ
10 ＋ 10 ＋ 2.5 ＝ 22.5（cm）

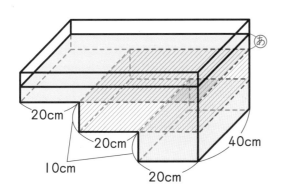

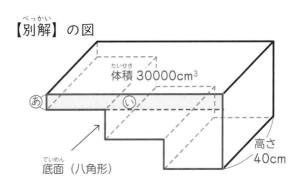

【別解】の図

問題2 （1）20cm　　（2）4cm

【解説】（1）40L ＝ 40000cm³
40000 ÷（40 × 50）＝ 20（cm）
（2）20 × 20 × 20 ＝ 8000（cm³）… おもりの体積
8000cm³の水を加えたと考えることができます。
8000 ÷（40 × 50）＝ 4（cm）

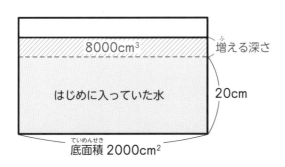

水そうも水も奥行き（40cm）が同じなので、前から見た図で考えることができます。

1 縦20cm、横20cm、高さ30cmの直方体の水そうに水が底から15cmのところまで入っています（図1）。この水そうの中に図2の直方体を底面が水そうの底につくまで入れました（図3）。ただし、水そうの厚さは考えません。

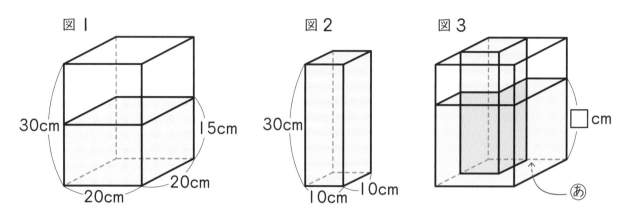

図1　　　　　図2　　　　　図3

30cm　15cm　　30cm　　　　□cm
20cm　20cm　　10cm　10cm　　あ

（1）　あ（水そうの底のうち水がふれている部分）の面積は何cm²ですか。

【式や考え方】

答え

（2）　□にあてはまる数を求めなさい。

【式や考え方】

答え

（3）　図3の後、何Lより多い水を入れると水が水そうからあふれますか。

【式や考え方】

答え

1 (1) 300cm² (2) 20 (3) 3L

【解説】 (1) 図3で、水そうを真上から見ると次のようになります。

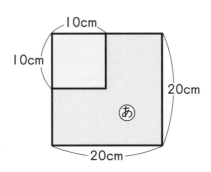

$$20 \times 20 - 10 \times 10 = 300 \, (cm^2)$$

(2) $20 \times 20 \times 15 = 6000 \, (cm^3)$ … 図1の水の体積

図2の直方体を水そうの中に入れても、水の体積は変わりません。

$$6000 \div 300 = 20 \, (cm)$$

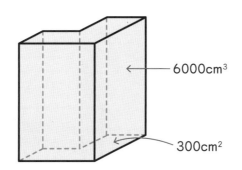

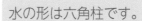 6000cm³

300cm²

水の形は六角柱です。

(3) 図3のすき間の分だけ水を入れることができます。

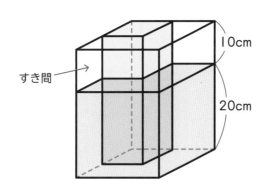

すき間 → 10cm

20cm

すき間も六角柱です。

$$\underset{\text{すき間の底面積}}{300} \times (30 - 20) = 3000 \, (cm^3)$$

$$3000cm^3 = 3L$$

1 右の図のように、直方体の水そうの底につくように直方体⑥が入っています。この直方体⑥を取り除くと、水の深さは何cmになりますか。ただし、水そうの厚さは考えません。

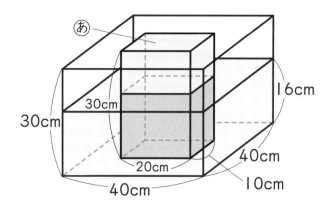

【式や考え方】

答え

2 右の図のように、高さ20cmのしきりで分けられた直方体の水そうの⑥の側に水が入っています。ただし、水そうやしきりの厚さは考えません。

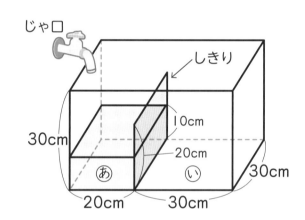

(1) じゃ口を開いて水を15L入れると、⑥の側の水の深さは何cmになりますか。

【式や考え方】

答え

(2) (1)の後、しきりを取り除きました。水の深さは何cmになりますか。

【式や考え方】

答え

❶ 14cm

【解説】 $40 \times 40 - 20 \times 10 = 1400$（$cm^2$）… 水の部分の底面積

$1400 \times 16 = 22400$（cm^3）… 水の体積

$22400 \div (40 \times 40) = 14$（cm）

【別解】 水中にあったあの体積と同じ量の水がなくなったと考えることができます。

$10 \times 20 \times 16 = 3200$（$cm^3$）… 水中にあったあの体積

$3200 \div (40 \times 40) = 2$（cm）… 下がる水の深さ

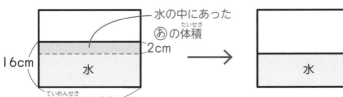

水面から出ている部分は水の深さの変化に関係ありません。

$16 - 2 = 14$（cm）

❷ （1） 10cm （2） 14cm

【解説】（1） $15L = 15000cm^3$

$30 \times 20 \times (20 - 10) = 6000$（$cm^3$）… あの側のしきりの上までのすき間の体積

$15000 - 6000 = 9000$（cm^3）… いの側に入る水の体積

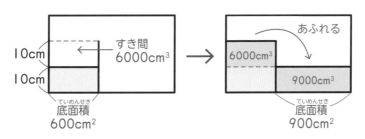

$9000 \div (30 \times 30) = 10$（cm）

（2） $30 \times 20 \times 10 = 6000$（$cm^3$）… はじめにあの側に入っていた水の体積

$6000 + 15000 = 21000$（cm^3）… じゃ口から水を入れた後の水の体積の和

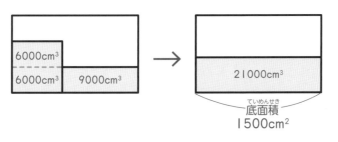

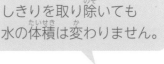

しきりを取り除いても水の体積は変わりません。

$21000 \div \{30 \times (20 + 30)\} = 14$（cm）

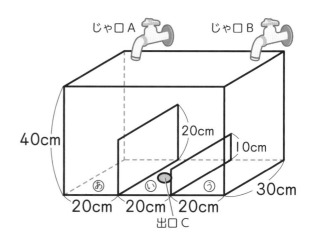

1 右の図のように、高さ20cmと10cmの2つのしきりで㋐、㋑、㋒に分けられた直方体の水そうがあります。はじめ、水そうは空です。また、㋑には水の出口Cがありますが、閉じられています。ただし、水そうやしきりの厚さは考えません。

(1) じゃ口Aから毎分2Lの水を、じゃ口Bから毎分1Lの水を同時に入れ始めます。水そうが満水になるのは何分後ですか。

【式や考え方】

答え _____

(2) じゃ口Aから毎分2Lの水を、じゃ口Bから毎分1Lの水を同時に入れ始めます。水を入れ始めてから7分後に、㋑の部分の水の深さは何cmになりますか。

【式や考え方】

答え _____

(3) (1)の後、2つのじゃ口を閉じ、出口Cを開いて毎分1Lの水を出し始めました。出口Cから水が出なくなるのはCを開いてから何分後ですか。

【式や考え方】

答え _____

 （1）　24分後　　（2）　5cm　　（3）　54分後

【解説】

（1）水そうが満水になったときにしきりを取っても、水面の高さは変わりません。

$2L = 2000cm^3$、$1L = 1000cm^3$

$30 × (20 × 3) × 40 = 72000 (cm^3)$ …満水になったときの水の体積

$72000 ÷ (2000 + 1000) = 24 (分後)$

（2）$30 × 20 × 20 = 12000 (cm^3)$ …⑧の部分に深さ20cmまで水が入ったときの体積

$12000 ÷ 2000 = 6 (分)$ …じゃ口Aで⑧の部分に水を20cm入れる時間

$30 × 20 × 10 = 6000 (cm^3)$ …⑤の部分に深さ10cmまで水が入ったときの体積

$6000 ÷ 1000 = 6 (分)$ …じゃ口Bで⑤の部分に水を10cm入れる時間

6分後の水そうの様子

じゃ口A　毎分2L　　　じゃ口B　毎分1L

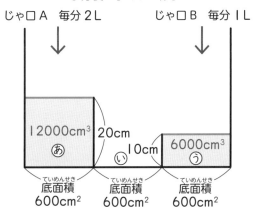

しきりの高さまで水が入るのに
何分かかるかを考えましょう。

残りの1分間は、じゃ口AとBの両方からの水が⑥の部分に入ります。

$(2000 + 1000) × 1 = 3000 (cm^3)$ …⑥に入る水の体積

$3000 ÷ 600 = 5 (cm)$

（3）水は次の順に出ていきます。

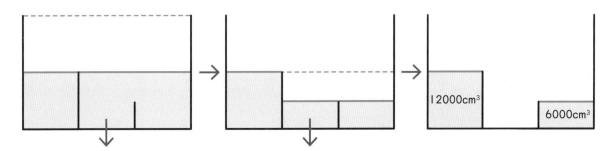

$72000 - (12000 + 6000) = 54000 (cm^3)$ …出口Cから出た水の体積

$54000 ÷ 1000 = 54 (分後)$

～10 の文章題と 10 の図形問題のポイント～

No.1　植木算 のポイント

間の長さ×間の数＝全体の長さ

- ・木を両はしに植える　　木の本数＝間の数＋１
- ・木を池の周りに植える　木の本数＝間の数
- ・木を両はしに植えない　木の本数＝間の数－１

No.2　方陣算 のポイント

（１辺の数－１）×４＝周りの数

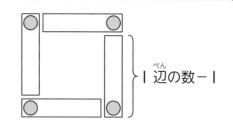

No.3　和差算 のポイント

（和＋差）÷２＝大
（和－差）÷２＝小

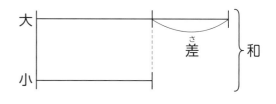

No.4　差分け算（差分算）のポイント

はじめの差÷２＝等しくするためにわたす量

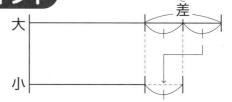

No.5　消去算 ① のポイント

「和と和」の消去算は表に整理

No.6　消去算 ② のポイント

「和と差」の消去算は式に整理

NO. 7 つるかめ算のポイント

表や面積図に整理

NO. 8 やりとり算のポイント

やりとりを流れ図や線分図に整理

NO. 9 差集め算（過不足算）のポイント

表や線分図に整理

- 「あまり」と「あまり」　　全体の差＝あまり－あまり
- 「不足」と「不足」　　全体の差＝不足－不足
- 「あまり」と「不足」　　全体の差＝あまり＋不足

NO. 10 集合算のポイント

分類表やベン図に整理

- 範囲があるときは線分図が考えやすい

NO. 11 角の大きさ ① のポイント

対頂角は等しい
平行線の同位角は等しい
平行線の錯角は等しい
三角形の内角の和は 180 度

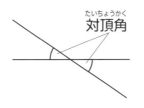
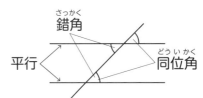

NO. 12 角の大きさ ② のポイント

□角形の内角の和＝180 度×（□－2）
□角形の外角の和＝360 度

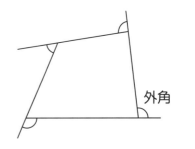

図形の周りの長さ のポイント

円の周り（円周）の長さ＝直径×円周率

円問題の補助線は、円の中心と結ぶ半径

No.14 **直線図形の面積 ① のポイント**

正方形の面積＝1辺×1辺

長方形の面積＝縦×横

平行四辺形の面積＝底辺×高さ

ひし形の面積＝対角線×対角線÷2

台形の面積＝（上底＋下底）×高さ÷2

三角形の面積＝底辺×高さ÷2

平行四辺形

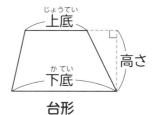

台形

ひし形

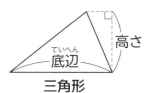

三角形

No.15 **直線図形の面積 ② のポイント**

「30度直角三角形」

斜辺の長さ÷2＝最も短い辺の長さ

直角二等辺三角形

斜辺の長さ÷2＝高さ

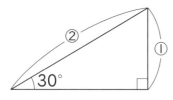

30度直角三角形

直角二等辺三角形

No.16 **曲線図形の面積 ① のポイント**

円の面積＝半径×半径×円周率

No.17 **曲線図形の面積 ② のポイント**

公式のない図形の面積は全体から引くまたは分ける

No.18　図形の回転移動・転がり移動 のポイント

図形式に整理

No.19　立体の体積・表面積 のポイント

直方体の体積＝縦×横×高さ

立方体の体積＝１辺×１辺×１辺

角柱や円柱の体積＝底面積×高さ

直方体の表面積＝（縦×横＋横×高さ＋高さ×縦）×２

角柱や円柱の表面積＝底面積×２＋側面積

角柱や円柱の側面積＝底面の周りの長さ×高さ

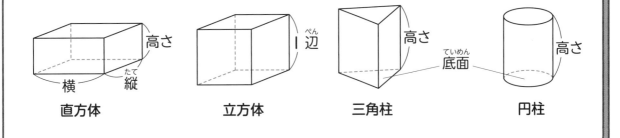

直方体　　　　　　立方体　　　　　三角柱　　　　　　円柱

No.20　水問題 のポイント

水の中にある立体の体積は水におきかえられる

奥行きが同じ立体は前から見た図で考えられる

ここまでよくがんばりましたね!!
『魔法ワザ　算数・基本からはじめる超入門』は
これで終わりです。
さらに学習を進めたいなと思うときは、
「魔法ワザ 算数」シリーズの他の本に取り組んで
みましょう。

西村則康（にしむら のりやす）

名門指導会代表 塾ソムリエ

教育・学習指導に35年以上の経験を持つ。現在は難関私立中学・高校受験のカリスマ家庭教師であり、プロ家庭教師集団である名門指導会を主宰。「鉛筆の持ち方で成績が上がる」「勉強は勉強部屋でなくリビングで」「リビングはいつも適度に散らかしておけ」などユニークな教育法を書籍・テレビ・ラジオなどで発信中。フジテレビをはじめ、テレビ出演多数。

著書に、「つまずきをなくす算数 計算」シリーズ（全7冊）、「つまずきをなくす算数 図形」シリーズ（全3冊）、「つまずきをなくす算数 文章題」シリーズ（全6冊）のほか、『自分から勉強する子の育て方』『勉強ができる子になる「1日10分」家庭の習慣』『中学受験の常識 ウソ？ホント？』（以上、実務教育出版）などがある。

前田昌宏（まえだ まさひろ）

1960年神戸市生まれ。神戸大学卒。大学在学中より学習塾講師のアルバイトをはじめ、地方中堅進学塾の中学受験主任担当講師に抜擢。

独自の指導法で、当時地方塾からは合格の難しかった灘中、麻布中、開成中、神戸女学院中など最難関中学に4年間で52名合格させた。

その後、中学受験専門塾最大手の浜学園の講師となる。1年目より灘中コースを担当。これまでに指導した灘中合格者数は500名を超え、難関中学合格者数は6,000名を数える。

現在、中学受験大手塾に通う子どもの成績向上サポートを行う中学受験専門のプロ個別指導教室SS-1で活躍中。「中学受験情報局 かしこい塾の使い方」主任相談員として、執筆、講演活動なども行っている。

独自の風貌（スキンヘッド）がトレードマーク。

著書に『中学受験 すらすら解ける魔法ワザ 算数・図形問題』『中学受験 すらすら解ける魔法ワザ 算数・計算問題』『中学受験 すらすら解ける魔法ワザ 算数・文章題』『中学受験 すらすら解ける魔法ワザ 算数・合否を分ける120問』（以上、実務教育出版）がある。

装丁／西垂水敦・市川さつき（krran）
カバーイラスト／佐藤おどり
本文デザイン・DTP／草水美鶴
制作協力／加藤彩

中学受験
すらすら解ける魔法ワザ 算数・基本からはじめる超入門
2023年12月25日 初版第1刷発行

監修者 西村則康
著 者 前田昌宏
発行者 小山隆之
発行所 株式会社 実務教育出版
〒163-8671 東京都新宿区新宿1-1-12
電話 03-3355-1812（編集） 03-3355-1951（販売）
振替 00160-0-78270

印刷／精興社 製本／東京美術紙工

入試で的中、続出！
中学受験　すらすら解ける魔法ワザ
算数４部作　好評発売中！

シリーズ
12万部
突破！

実務教育出版の本

４つのステップで考える力を伸ばす！
今すぐ始める中学受験
算数３部作　好評発売中！

低学年のうちから
差をつける！

・選りすぐりのオリジナル問題！
・入塾テスト対策にも最適！

実務教育出版の本

入試で的中、続出！
中学受験　すらすら解ける魔法ワザ
理科４部作　好評発売中！

シリーズ
12万部
突破！

実務教育出版の本

中学受験専門塾ジーニアスの
松本先生監修、片岡先生著の
中学受験の国語対策決定版！

「なんとなく」で解かない。
5つの手順に従うだけで
読解問題がすいすい解ける！

毎日の勉強や
中学受験に役立つ！

実務教育出版の本